21 世紀の工作機械と設計技術

機械加工の基本

機械加工＆切削工具

Machining & Cutting tools

工作機械加工技術研究会編（代表：幸田盛堂）

大河出版

◇執筆者一覧

幸田　盛堂　工作機械加工技術研究会コーディネータ
森本　喜隆　金沢工業大学教授兼先端材料創製技術研究所長
岩部　洋育　元新潟大学教授自然科学系
村上　大介　住友電工ハードメタル・デザイン開発部グループ長
廣垣　俊樹　同志社大学理工学部機械システム工学科教授
中川平三郎　中川加工技術研究所長
浦野　寛幸　JTEKT・販売技術部総括室室長
岸　　弘幸　THK・産業機器統括本部技術本部技術開発統括部
土居　正幸　大昭和精機・技術本部次長
友田　英幸　ネオス・取締役未来事業探索室長
則久　孝志　オークマ・研究開発部要素開発課長

目次

はじめに …………………………………… i

第1章 モノづくりと機械加工の歴史 ……3

- 1.工作する道具から機械加工へ
- 2.大砲と蒸気機関シリンダの加工
- 3.産業革命と工作機械
- 4.米国の台頭と大量生産方式の確立
- 5.米国における自動車産業と工作機械
- 6.明治の産業革命から1945年まで
- 7.戦後の復興からNC工作機械の時代へ

第2章 工作機械による形状創成と加工精度 …… 17

- 1.機械加工法の種類と特徴
- 2.機械加工と加工精度
- 3.加工法と切削条件の選定
- 4.加工精度と表面性状の評価

第3章 旋削・中ぐり加工と加工精度 … 29

- 1.旋削の種類と分類
- 2.旋削の基本と切削抵抗
- 3.旋削加工における加工誤差
- 4.旋削加工と中ぐり加工の違い
- 5.中ぐり加工における加工誤差
- 6.びびり振動とその対策

第4章 エンドミル加工と高速ミーリング … 39

- 1.エンドミル加工の特徴
- 2.ねじれ刃エンドミルによる切削機構
- 3.エンドミル加工における加工誤差
- 4.高速・高精度加工への試み
- 5.高速ミーリング

第5章 切削工具の選定と最新技術動向 … 49

- 1.切削工具の役割
- 2.工具材料とその選択
- 3.ソリッドエンドミルと刃先交換式エンドミルの選択
- 4.ドリルの選択
- 5.高精度・高能率加工を目指して

第6章 小径工具による加工の特質と加工例 …………… 61

- 1.マイクロ・ナノテクノロジーと小径工具
- 2.サイズの違いの本質
- 3.加工性能とその特徴

第7章 セラミックスの加工と研削 …… 71

- 1.セラミックス材料とは
- 2.構造用セラミックスの材質と用途
- 3.セラミックスの1次加工と2次加工
- 4.セラミックスの研削加工
- 5.セラミックスの加工条件と強度・残留応力
- 6.セラミックスの微視構造と仕上げ面粗さ
- 7.穴あけ加工例
- 8.セラミックスの新しい加工法を目指して

第8章 ころがり軸受の特性と最新技術 … 81

- 1.軸受技術の発展経緯と工作機械の動向
- 2.主軸用ころがり軸受
- 3.高速主軸対応アンギュラ玉軸受の設計
- 4.軸受の予圧
- 5.オイルエア潤滑とグリース潤滑
- 6.高速対応円筒ころ軸受

第9章 リニアガイドの特性と最新技術 … 91

- 1.リニアガイドの誕生
- 2.リニアガイドの開発経緯と特徴
- 3.高防塵タイプ
- 4.高剛性タイプ
- 5.高精度タイプ
- 6.大型機械への展開

第10章 加工機の自動化/周辺技術・制御技術 …… 101

- 1.周辺技術の必要性
- 2.工作機械における計測と制御
- 3.自動計測補正
- 4.加工状態の監視
- 5.ドリル損傷検出技術

第11章 ツーリング:工具とホルダ技術 … 113

- 1.ツーリングとは
- 2.主軸インタフェース
- 3.ツーリングの振れ精度
- 4.ツーリングの剛性
- 5.高速回転仕様のツーリング
- 6.ツーリングの多様化
- 7.高精度・高能率加工に向けて

第12章 切削油剤の選定と最新技術動向 ………… 123

- 1.切削油剤の役割
- 2.切削油剤の分類
- 3.性能と成分の関係について
- 4.切削油剤を取り巻く市場環境
- 5.これからの切削油剤
- 6.液更新と液管理

第13章 工作機械の知能化技術 ……………131

- 1.知能化技術による生産性向上
- 2.熱変位補正技術
- 3.幾何誤差計測・補正技術
- 4.加工条件探索支援技術
- 5.機械衝突防止技術

第14章 機械加工における環境・
　　　　安全対応技術 ………141

- 1.環境保全型/循環型の経済社会へ
- 2.工場環境と環境対策
- 3.工作機械の環境適合設計
- 4.労働安全衛生とリスクアセスメント
- 5.工作機械の安全設計

執筆者プロフィール………………………152
◆機械加工＆切削工具・用語・索引……154

はじめに

「機械をつくる機械」として「マザーマシン（母なる機械）」とも呼ばれる工作機械は，その国の工業水準のバロメータとなる機械であり，"Made in Japan"ブランドで代表される日本のモノづくりに最大の貢献をしてきた機械である．

工作機械そのものは一般にはなじみの薄い機械であるが，我々の身のまわりの日用品や工業製品のほとんどが，その生産プロセスにおいて，多様な工作機械に大きく依存しているといっても過言ではない．それらの製品の生産プロセスを知れば意外と身近な機械であることが理解できるだろう．

このように特異な一面をもつ工作機械であるが，その設計方針は一般の産業機械とは大きく異なっており，それだけに開発設計者にとっては魅力のある設計対象である．また，使用者は工作機械の機能や特性を理解することにより，モノづくり力（製造力）をさらに高めることができると考えている．

日本の経済成長に伴い工作機械産業も発展し，昭和57年（1982年）には生産額で米国を追い抜き，それ以来27年間，世界一の座を確保してきた．平成20年（2008年）のリーマン・ショックの影響で，中国に世界一の座を明け渡したものの，日本の工作機械産業はいまもなお国際競争力の強い産業として，工作機械の技術力はいまだ世界一の実力を持っていることは，いくつかの統計数字からも明らかである．

こうしたグローバルな経済環境の中で，今後とも世界一の技術力を確保・維持していくためには，「モノづくりは人づくり」といわれるように，結局のところ最後は人であり，日本の工作機械技術（失敗例などの負の技術遺産を含めて）の伝承と若手の育成こそ，今後の日本の工作機械産業の国際競争力の源泉となる．

このような想いから，2010年に公益社団法人大阪府工業協会において，工作機械加工技術研究会が発足し，その道の専門家による技術講演を中心に，技術交流会や工場見学等を交え，実務レベルでの観点で役立つ最新情報を提供し，工作機械・機械加工技術の向上と若手の教育機会づくりに貢献してきた．参加者にとっては現状の最先端技術に触れ，そして同業・異業種の技術者との交流による人脈づくりの機会となり，また自分自身の立ち位置を自覚（ポジショニング）することができる絶好の機会となってきた．

これらの技術講演のなかから，選りすぐりの工作機械・機械加工に関する講演内容を29テーマに集約し，21世紀の工作機械および加工技術に関する生きた参考書になることを念頭に，各分野の第一人者の方々に執筆を頂きまとめたのが，この本である．

読者の学習のツールとして利用しやすいように「切削加工機」編と「機械加工＆切削工具」編に分けた．工作機械の専門書，機械加工の専門書は多数出版されているが，工作機械の基本と最新技術，そしてそれらと機械加工との係わり合いを明確にした専門書は少ない．設計者，研究者と生産技術者の目線で，改めて工作機械と機械加工，そしてそれらに関連する周辺技術の全体像と最新動向について解説した．

広範な内容をよりわかりやすく，各節ごとに単独で読んで理解でき完結するように配慮し，さらなる学習・研究のために各章の末尾に参考文献を紹介した．参考文献に挙げた日本機械学会や精密工学会などの学会誌・論文など学会関係の刊行物は「科学技術情報発信・流通総合システム（J-STAGE）」で，またJIS規格については「日本工業標準調査会（JISC）」のホームページから無料で閲覧できるので，有効に活用して頂きたい．なお資料の関係で旧単位系の表示もあるが，SI単位系に読みかえて欲しい．

本書の執筆にあたり多数の著書，文献，各企業の会社案内，カタログ，資料，ホームページ等から多数の写真

や図表を引用している．また，引用した図表については用語の統一および，より鮮明にわかりやすくするため一部修正・加筆した部分がある．ここに記して感謝の意を表します．とりわけ，一般社団法人日本工作機械工業会からは数多くの資料の提供を受け，幅広く引用させて頂いた．ここに厚く御礼申し上げる．

　おわりに，工作機械加工技術研究会の立ち上げ，そして毎年度の開催にご尽力頂いた，公益社団法人大阪府工業協会振興部長の三栖博司氏，同部課長代理の今奈良雄太氏に感謝申し上げる．

2016 年 11 月
執筆者を代表して
公益社団法人大阪府工業協会「工作機械加工技術研究会」コーディネータ：幸田盛堂

1 モノづくりと機械加工の歴史

1. 工作する道具から機械加工へ[1]

　人間が機械を使ってモノを大量に生産するようになったのは，イギリスの産業革命以降のことであるが，道具はそれ以前から広く使用されていた．モノをつくるための道具，いわば工作道具なるものが存在していたわけであり，古代遺跡や遺物にその痕跡を見ることができる．紀元前15世紀のエジプト墓窟の壁画には，**図1**に示すような穴あけ図が残されており，一人操作形式の弓錐が使われていた．

　14世紀になると，**図2**の木製のばね棒旋盤（ポール旋盤）が使用された．作業者は左足で踏み板を踏み込みながら工作物を回転させ，両手で工具を保持して切削を行なう．旋盤のベッド，主軸台，心押し台などすべて木製で，弓旋盤に比べて剛性が高く，より大きな切込みで切削することが可能となったが，主軸の回転は正逆交互回転であるため，その内の片側回転分しか切削できず，作業者には相当な熟練が必要とされた．

　ヨーロッパでは，ルネッサンス（14世紀から17世紀頃までの古代ギリシャ文明の復興）以降，教会などで塔時計や室内時計が設置されるようになり，これら社会環境の要求から，正確なねじや歯車など時計部品の製作が必要となってきた．そこから新しい精密な製造技術，すなわち正確に旋削された軸，機械で切られた小型で精密な歯車とねじなどを製作する技術が開発された．

図2 ポール旋盤（ドイツ 1395年）[3]

図1 エジプト墓窟の壁画[2]

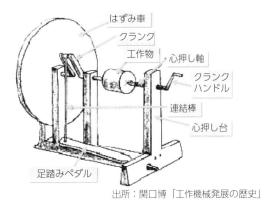

出所：関口博「工作機械発展の歴史」

図3 ダ・ビンチの主軸駆動旋盤（1500年頃）

15世紀後半には，画家レオナルド・ダ・ビンチ (Leonardo da Vinci，イタリア) が登場し，工作機械についても数多くのスケッチを残している．図3は彼が描いたスケッチをもとに書き直したもので，往復運動を回転運動に変換する機構となっている．足踏みペダル，クランク，はずみ車からなり，工作物の一方向への連続回転が可能となり，これまでの弓旋盤やポール旋盤に比べると，効率が飛躍的に向上した．

2. 大砲と蒸気機関シリンダの加工

時計づくりの職人たちは，時計に使用されるねじや，その他の部品を製作するのに便利な小型旋盤や歯切り盤などをいろいろと試作し，また錠前やポンプなどの製作の必要性に対応することによって，工作技術も大きく進展した．また一方では，軍事的な理由から大砲の砲身を精密に中ぐりする加工技術の必要性が高くなってきた．

兵器の製造においては，これまでの軟質金属の切削とは異なり，鉄系金属の切削が必要になり，これまでの手動クランクや足踏みペダルによる人力による駆動では，駆動力や切削速度に限界があり，その対策として水車や馬が動力源として利用されるようになった．

1774年には，ウィルキンソン (J.Wilkinson，英国) は，図4に示す砲身中ぐり盤を製作した．この加工機は，中実の鋳造による砲身を水平においた軸受の間で回転させる新しい形式で，切削工具は静止したままで，中ぐり棒に切ったラックの歯によって切削送りが与えられた．

18世紀には鉱山の揚水ポンプ用として，世界最初の蒸気機関 (大気圧機関) が試作された．そこでは内径が21〜28inch (ϕ533〜711mm)，長さ8feet (2.44m) の大きな黄銅鋳物製シリンダを使用していたが，その内面は機械加工ではなく，手作業によって砥石で根気よく磨いて仕上げられたものと思われる．

蒸気機関が進化するに伴い，内径がさらに大きな鋳鉄製シリンダが要求されたが，蒸気機関のシリンダは大砲の砲身よりも口径が大きかったため，これまでにない重切削による負荷がかかり，中ぐり棒がしばしば破損するというトラブルが発生していた．

ウィルキンソンはその後，さらに大型のシリンダ加工用の中ぐり盤を設計した．ワットの設計した蒸気機関では，シリンダの上部カバーと底部とは別の鋳物部品になっていたので，先込め砲と違ってシリンダの両端が開放されていることに着目し，図5に示すシリンダ中ぐり盤を製作した．

シリンダは工作台上にチェーンで固定され，その中を両端で軸受支持された中ぐり棒が貫通し，水車と減速歯車を介して回転する．この中ぐり棒は中空になっており，その中をラックの歯を持った軸が通っており，その先端に工具が取付けられている．そしてハンドルの回転によって，ラック棒さらには工具が軸方向に送られる．なお，中ぐり棒には全長にわたってガイド溝があり，これに沿って工具が軸方向に移動して中ぐり加工を行なう．

この機械は，シリンダとは無関係に両端支持された

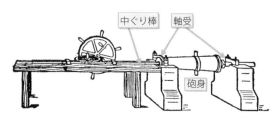

図4 ウィルキンソンの砲身中ぐり盤 (1774年)[3]

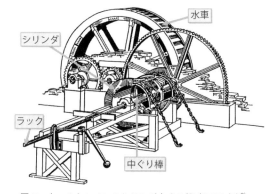

図5 ウィルキンソンのシリンダ中ぐり盤 (1776年)[3]

中ぐり棒に刃物を取付けているため，加工精度は相当に高いものだった．内径50inch（φ1.27m）のシリンダ加工において，どの断面をとっても真円からの誤差は1シリング硬貨の厚さ（1.5mm程度）より小さく，しかも断面が真円で軸方向と真に平行な穴をもつシリンダが製作可能になった．

これこそ近代的な切削加工機としての中ぐり盤であり，最初の工業用大型工作機械であった．この工作機械の登場によって，ワットの蒸気機関は技術的・経済的にも，効率よく生産できるようになり，イギリスの産業革命が急速に展開する一つのきっかけを与えた．

3. 産業革命と工作機械　（18世紀末～20世紀初め）

英国の産業革命は，18世紀末から19世紀初頭にかけて綿工業を中心に機械制大工業が発展し，紡績機械や織布機械などが円滑に供給されるためには，旋盤など各種の工作機械の発明や改良が必要となった．そのため数多くの工作機械が試作，開発され，まさにイギリスの産業革命を進展させたのは，工作機械技術の発展であった，といっても過言ではないだろう．

1797年には近代的な工作機械の原点として知られるモーズレイ（H.Maudslay，英国）のねじ切り旋盤（図6）が製作されている．時計製作用の小型旋盤を改良したもので，大きさは約3inchの振り，長さ約3feetと非常に小さいもので，すべて鉄製とし重切削を行なっても，精度の高い機械部品が得られるようにした．ベッドは2本の三角断面の角柱案内棒で構成され，主軸は小さな面板をもち，変速歯車列を介して親ねじを駆動する．親ねじには直径1inch（φ25.4mm），0.25inch（6.35mm）ピッチの精密な角ねじを使用した．

この親ねじの回転によって往復台は2本の案内棒の上を摺動し，横送り台は目盛付きダイヤルの回転によりねじ送りされ，正確な切込みを刃物台に与えることができる．往復台と親ねじとは，割りナットと締付け機構により必要なときに連動させることができ，まさに現在の旋盤の原型といえるものだった．

ウィルキンソンの中ぐり盤やモーズレイの旋盤は，機械工作技術の基本となる工作機械の精度が，その製作物である機械類の精度を規定するという**母性原理（copying principle）**を確立した点で大きな意義がある．

精度の低い工作機械からは，精度の低い機械類しか生まれないのであり，その国の産業の技術水準を向上させるうえで，工作機械の発達はきわめて重要となっていた．

機械を製作する材料としての鉄鋼，機械を製作するのに使用される道具としての工作機械，そして機械を生産するための方法としての互換性の原理に基づく大量生産方式，これらの3要素によって近代の機械工業が確立されたといえる．前二者についてはイギリスの産業革命によって達成されたが，最後の大量生産方式については，アメリカ合衆国での発展を待つことになる[4]．

4. 米国の台頭と大量生産方式の確立　（1820年～1900年）

1820年が過ぎると，大量生産方式の舞台はアメリカ大陸の合衆国に移り，南北戦争（1861～1865年）や巨大な北アメリカ大陸を制圧するために大量の兵器，それも小銃（マスケット銃）の生産と完全な互換性を持つ部品の生産が必要になった．このため，「部

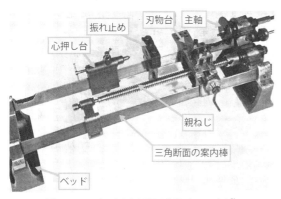

図6　モーズレイのねじ切り旋盤（1797年）[3]

品の互換性」を確保するための工作機械には加工精度の向上と，加工能率を改善するための「生産設備の専用化」が強力に進められ，量産形のフライス盤，タレット旋盤，多軸ボール盤，自動旋盤，ブローチ盤などのほかに，歯切り機械や研削盤などの新しい形式の工作機械が続々と試作，開発された．

このように，用途を限定した工作機械を使って規格化された部品を大量に生産し，それを組合わせて，機械類を大量に生産する方式，当時は，「**アメリカ方式 (American System of Manufactures)**」と呼ばれていた大量生産方式が，19世紀半ばには兵器産業においてほぼ確立され，その後，柱時計やミシン，タイプライタ，自転車などの量産に拡大していった．

アメリカ方式の量産システム端緒となったのは，1798年にホイットニー（E.Whitney，米国）による互換性部品の量産に基づく銃器の大量生産だった．彼は，それまで手工業的に製作されていた銃器を，互換性部品による生産方式に改めるために，まず製作すべき銃器部品の寸法の規格統一を行ない，続いてこれらの加工用として新たに多数の専用工作機械を設計し製作した．そして1853年のコルト工場での銃の大量生産方式にその完成した姿を見ることができる．

この生産方式は，1868年にブラウン・シャープ社（米国）によるマイクロメータの開発，限界ゲージ方式の考案など，測定技術の進歩につれて機械加工精度は急速に向上し，そして1897年，スウェーデンのヨハンソン（C.Johansson）がブロックゲージを発明するに及んで，1μm単位の絶対寸法の確保が可能となり，現在の大量生産方式の基礎が確立した．

ホイットニーが製作した代表的な量産向き工作機械は，図7に示すフライス盤で，現存する最古のフライス盤である．主軸は前と後のハウジング内にある軟質な金属軸受で支持され，主軸後部のプーリ（図示せず）で駆動される．また移動台の送りは，前後主軸軸受の間にあるプーリを介して下部のウォーム歯車を駆動して送りねじへ伝えている．

量産形工作機械を代表するものとして，フライス盤のほかにタレット旋盤（図8）や各種の自動盤がある．機械加工の急速な進歩は，ボルトとナットの大量需要をひき起こし，タレット旋盤はこうした需要を背景に開発されたものである．タレット旋盤においては，工具を交換するために機械を止めることなく，8工程の加工を連続して行なうことができ，モーズレイの旋盤以来の最大の進歩となった．これらの工作機械はその後，量産形の工作機械として不動の地位を築いた．

米国では，フライス盤の改良がさらに進み，プラット（F.Pratt，米国）のリンカーン・フライス盤，そ

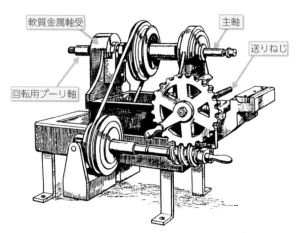

図7　ホイットニーのフライス盤（1818年）[3]

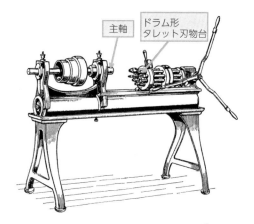

図8　最初のタレット旋盤（1845年）[3]

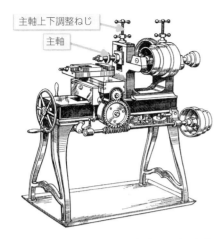

図9 リンカーン・フライス盤（1855年頃）[3]

図10 万能フライス盤（1862年）[3]

して1862年にブラウン（J.Brown，米国）が開発した万能フライス盤が知られている．リンカーン社（米）のプラットは，従来のフライス盤に改良を施し，図9に示すリンカーン・フライス盤を製作した．全体的にコンパクトで頑丈な設計となっており，主軸の上下方向の調整は前後軸受位置でのねじで位置決めし，送りはウォームよって与えられる．

この機械形態によって，小銃やミシンなどの多くの産業において，小さな部品の製造など広範囲に使用され，「リンカーン・フライス盤」の名で有名となり，その総数は南北戦争時代に15万台製作され，ヨーロッパにも多数輸出された．

ツイストドリルのねじれ溝加工用に開発された図10のブラウン・シャープ社（米国）製万能フライス盤は，工作物を左右，前後，上下に移動でき，あらゆる工作物に対応可能で，ひざ形フライス盤の元祖として知られている．

これまでにない「コラムとニーを持つフライス盤」を合理的に，コンパクトに実現したものである．ベルト段車駆動の主軸は前後2個の軸受で支持され，ニーはコラム前面に取付けられ，クランクハンドルにより傘歯車と送りねじを介して上下方向に調節が行なえる．また，主軸台は角度割出しができ，テーブルの水平方向の角度も任意に調整できる構造になっている．

この機械の登場によって，種々の角度やテーパを持った複雑な形状をした工具の機械加工が初めて可能となり，その結果，ボール盤の切削速度と加工精度は飛躍的に向上し，ツイストドリルは世界中の工場に広まった．そして，万能フライス盤の完成によってフライスカッタの形状が容易に創成されるようになって，フライス盤の加工対象が大幅に拡大され，その実用価値を存分に発揮するようになった．

こうして現在みられるほとんどの種類の工作機械が，20世紀の初頭までに主として欧米において開発され，金属加工の自動化と高精密化が進められた．

5. 米国における自動車産業と工作機械（1900年〜1945年）

19世紀末から現在にいたるまで，工作機械の最大の需要先が自動車産業であり，そのため工作機械技術と自動車技術は相互に啓発しあって，それぞれの分野における技術課題を克服し発展してきた．

1885年にガソリン機関が発明され，1886年にはドイツのダイムラー（G.Daimler）がガソリン機関をのせた四輪自動車を開発した．これは四輪馬車に単気筒ガソリン機関を載せたもので，当時「馬なし馬車」と呼ばれた．

1850年代のミシン，タイプライタ，そして自転車

の大量生産で大成功を収めたアメリカ方式は，当然のように自動車産業にも適用された．米国の企業家は「百万人のための自動車」という経営戦略に基づき，いかに生産コストを下げ，できるだけ多数のユーザーを獲得するかに腐心した．

1913年には，フォード（H.Ford，米国）はコンベヤ流れ作業組立ラインで知られるフォード・システムを開発した．その特徴は，専用工作機械の加工精度の向上を進めることによって，真の部品互換性を達成したこと，そしてコンベアによる移動組立方式に基づく本格的な大量生産（mass production）方式を確立したことである．

このシステムの思想は，生産工程の単能化（多能工化の逆）による熟練作業者の排除と，加工物運搬方法の徹底した合理化にある．すなわち，従来のモノを固定し人が動く生産方式から，モノを動かして人は固定位置で作業する方式に変わった．

具体的にはシャーシをレールに載せ，それを引張って一連のステーションを通過させ，各ステーションで順々に組立作業を行なう方法で，その結果，作業者は単純な繰返し作業だけとなり，もはや高賃金の熟練技能者は不要で，生産能率も大幅に向上した．当然，生産コストは大幅に低減され，ひいては販売量の拡大を進めることができた．

大量生産の代表とされるT型フォードは，1920年には103万台，1923年には205万台以上生産され，20年間で累計1500万台生産された．車台の基本設計はほとんど変わらず，ボディはユーザーニーズに応じてかなり変化しているが，シンプルさと低価格，信頼性を証明した設計となっていた．現在の機械設計における標準化・共通化設計の最たるものである．

この大量生産技術の背景には，旋盤，フライス盤，歯切り盤，研削盤などの工作機械類の開発だけではなく，工具の開発や管理手法，フォード組立ラインのコンベアシステムなどがその基盤となっている．

米国の自動車産業は互換性生産の技術を徹底的に利用し，その結果,この産業は多数の新しい自動化工作

出所：関口博「工作機械発展の歴史」

写真1　シンシナティ社(米)製フライス盤（1917年）

機械の開発を促進した．精密歯切り盤，精密研削盤，シャーシやボディのパネルなどを圧延・成形する多種多様のプレス機，ブローチ盤，精密ダイキャスト機，ねじ切り機などで，従来以上に大規模に使用され自動化への指向も強化された．

19世紀後半から20世紀前半にかけて，機械工業にとって重要な発明が相次いだ．前述のガソリンエンジンの発明のほか，高速度鋼の発明（1900年），3相かご型誘導モータの発明（1900年）などで，誘導モータの発明が工作機械の機械形態を一変させることになる．それまでの段車式ベルト掛け駆動から，モータを工作機械に組込むことにより，モータ直結の全歯車駆動方式へと大きく進歩した．

写真1は1917年に製作された代表的なフライス盤で，箱形オーバアームを最初に採用し，テーブルの早送り，反転と停止，そして主軸の自動停止などの一連のサイクルが自動操作可能となっている．この段階でほぼフライス盤としての機能は完成されていた．第一次世界大戦中の1910年代後半には，タレット旋盤の原理をさらに発展させた自動旋盤が実用化されている．

6. 明治の産業革命から1945年まで

日本における機械工業の幕開けは，江戸時代の幕末のころ幕府や各藩が海防の必要に迫られ，反射炉を築

表1 戦前の機械工業の近代化（1850年代～1945年）

年代	明治維新～日露戦争 明治元年～明治38年 1867年～1905年	日露戦争～大正末期 明治38年～大正9年 1905年～1920年	大正末期～第二次世界大戦終戦 大正9年～昭和20年 1920年～1945年
時代背景	創始期 富国強兵・殖産興業	近代化実現期 国力の高揚・西洋文明の開花	軍備拡張期 戦力増強・国力増進
最初の国産化とトピックス	明治7年　モールス電信機（田中久重） 明治10年　時計（精工舎） 明治18年　電力用発電機（三吉電機） 明治23年　鋼船（長崎造船所） 明治23年　自転車（宮田製作所） 明治23年　旋盤（池貝） 明治23年　電話機（沖電気） 明治26年　蒸気機関車（鉄道局） 明治30年　動力織機（豊田佐吉）	明治40年　無線電信機（電気試験所） 大正元年　ボイラ（タクマ） 大正3年　自動車脱兎号（快進社） 大正4年　小型電気機関車（日本車輛） 大正7年　水上偵察機（横須賀工廠） 世界第3位の造船建造量	昭和2年頃　蒸気機関車「C53」「D51」 昭和7年　国産標準トラック 昭和14年　「零戦」 昭和16年　戦艦「大和」「武蔵」 一般家庭に普及したものは，ミシン，扇風機，電気アイロン，ラジオ

（参考文献5をもとに著者作成）

いて大砲を鋳造し，また造船所を開いて大型艦船を建造したことに始まる．イギリスの産業革命に遅れること100年，造船・造兵のための近代的設備をオランダ，フランスなどから急遽輸入し，近代工場の建設に着手した[5]．

わが国における工作機械の導入は，1857年（安政4年）に徳川幕府・長崎造船所が最初とされている．このとき幕府は，蒸気船を国産化するために蒸気機関を製作する目的で，オランダから各種の工作機械類を輸入した．

1867年の明治維新後，政府により富国強兵・殖産興業の政策がとられてきた．そして現在まで，一世紀以上にわたる経済成長を推進してきた原動力は製造業であり，その製造業を支えてきたのは機械技術であった．

日本の機械工業の発展の歴史は，表1に示すように戦前については明治維新から日露戦争頃までの創始期，日露戦争頃から大正末期頃までの近代化実現期，そして大正末期から第二次世界大戦終戦までの軍備拡張期に大別される[5]．創始期においては，富国強兵・殖産興業の旗印のもと，西洋文明の吸収が急速に進められ，表1に示すように，各種機械製品の国産化が積極的に推進され，この時期は日本の機械工業の芽生えの時期であったといえる．

明治20(1887)年代の末頃より綿紡績業が近代化し，大規模化するとともに鉱山業，機械器具工業，鉄道業

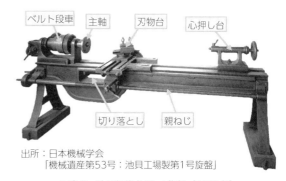

出所：日本機械学会
「機械遺産第53号：池貝工場製第1号旋盤」

写真2　池貝製英式9feet旋盤（1889年）

などが発展した．こうした状況下，官営工場においては独自に各種工作機械の製作が進められ，民間では池貝鉄工所（後の池貝鉄工）の創始者池貝庄太郎，若山鉄工所（現在の新日本工機）の創始者である若山滝三郎，そして大隈鉄工所（現オークマ）の創始者大隈栄一，そして唐津鉄工所の竹尾年助らの先駆者たちが国産工作機械の製作に尽力した[8]．

写真2は池貝鉄工所の創始者池貝庄太郎が1889（明治22）年に製作した初の日本製旋盤で，現存する国産工作機械として最古の工作機械である．心間距離は5 feet（1.52m）で，ねじ切りと自動縦送り用の親ねじが設けられ，また3段のベルト段車とバックギヤにより6段変速となっている．なお，ベルト段車は大輪手回し式で人力を利用して駆動された．

1904（明治37）年の日露戦争，そして1914（大正3）

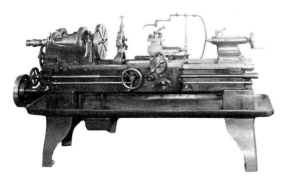

写真3 OS形旋盤（オークマ 1911～1939年）

写真4 ひざ形立てフライス盤 (OKK 1939年)

年に第一次世界大戦が勃発し，大量の軍需品の生産が必要となり，国内工作機械メーカーへの発注が増加した．この時期は日本の工作機械産業の最初の発展期で，現在の有力工作機械メーカーの一部は，この時期に工作機械の生産を開始しているが，当時の工作機械産業の技術水準はまだまだ未熟で，外国製工作機械の模倣が多かったのが実状である．

軍備拡張期の大正時代末期から第二次世界大戦終戦までの期間には，満州事変に続いて日中戦争が勃発し，さらに1941（昭和16）年には太平洋戦争に突入する戦時経済の時代となり，1945（昭和20）年の日本の敗戦によって終了した．この間，工作機械産業は量的・質的にも著しい進展を遂げ，池貝鉄工所，新潟鉄工所，東京ガス電気工業，大隈鉄工所，唐津鉄工所の5社が工作機械産業をリードした[6]．

軍需品の大量生産を行なうには，きわめて生産性の高い自動機械や特殊仕様の専用機，大型の工作機械が必要とされるが，日本の工作機械産業は昭和10（1935）年代になっても，旧態依然の中小型・汎用工作機械の生産が中心で，大規模な軍需動員を推進するための工作機械を国内で調達するには不十分であった．

1939（昭和14）年には第二次世界大戦が勃発し，そして1941（昭和16）年より日米の太平洋戦争突入によって，工作機械の生産はピーク時の昭和18年には年産6万台にも達したが，そのほとんどが汎用工作機械であった[7]．当時の旋盤を写真3に，フライス盤を写真4に示す．

一方，米国においては，自動旋盤や多軸自動盤など，多くの自動化工作機械が1920年代に開発され，組立ラインには搬送コンベアが導入されていたのに比べ，日本においては量産機械工業が米国などに比べてはるかに立ち遅れており，量産用専用機の発達が極めて不十分であった．そして1945（昭和20）年に太平洋戦争の終戦を迎え，日本本土は焼け野原から，ゼロからの再生を余儀なくされた．

7. 戦後の復興から，NC工作機械の時代へ

終戦による混乱のなか，荒廃した製造環境を整備して量産体制の基盤を整備する戦後復興期から，1960（昭和35）年の所得倍増計画に始まる高度成長期に入り，昭和40（1965）年代になって日本製工作機械がようやく国際的競争力を持つようになる．この時期に日本の産業界は "Made in Japan" の高品質，高信頼性の製品を次々と送り出し，やがては "Japan as No.1" という評価を受けるようになった．

この成長の過程は，表2に示すように15年を一世代として捉えることができる．敗戦直後の物資欠乏のなか，残された設備は老朽化した工作機械ばかりで，しかも連合国総司令部（GHQ）の戦後処理政策もあり，兵器製造機械類の中心的役割を担った工作機械については，その生産再開が厳しく制限されていた．

表2 戦後の工作機械と生産システムの変遷[1]

年代	第1世代 昭和20年～35年 1945年～1960年	第2世代 昭和35年～50年 1960年～1975年	第3世代 昭和50年～平成2年 1975年～1990年	第4世代 平成2年～17年 1990年～2005年
時代背景	戦後復興期	高度成長期 "エコノミック・アニマル"	国際的飛躍期 "Japan as No.1"	オープン化・グローバル化 バブル崩壊 "失われた20年"
世相[*1]	焼け野原・ゼロからの再生	疾走する日本・光と影	経済大国ニッポン・繁栄の果てに	混迷の時代・人々は生きる
生産システム	生産システムの黎明期 量産体制の確立 サイクルタイム短縮	生産技術の展開 作業標準化・改善 QC (Quality Control) 高品質・高信頼性	NC技術・ロボット 無人化技術／夜間無人運転 DNC・FMS・CIM 自動倉庫	変種変量生産 リードタイム短縮 知能ロボット
工作機械	汎用機 NC工作機械の試作研究開始	汎用機のNC化 マシニングセンタの生産開始	マシニングセンタによる量産加工 高速主軸・オイルエア潤滑法 ころがり案内（リニアガイド） タッチセンサープローブ	高速マシニングセンタ 5軸加工機 ターニングセンタ・複合加工機 リニアモータ機 パラレルリンク機
	海外メーカーと技術提携	海外メーカーとMCで技術提携 工作機械輸出額＞輸入額	NC化率＞50％ 工作機械生産額世界一	NC化率＞80％ 輸出比率＞70％
エレクトロニクス	トランジスタ	IC, LSI ミニコン，4ビットマイコン	超LSI パソコン（16ビットマイコン）	超々LSI 32⇒64ビットマイコン
NC装置	NC黎明期	ハード⇒ソフトワイヤード方式 パルスモータ⇒DCサーボモータ 最小分解能：0.01mm	アナログサーボ 誘導型ACサーボモータ 最小分解能：1μm	ネットワーク対応サーボ 同期型ACサーボモータ 最小分解能：0.1μm 高速高精度制御機能
金型加工法・工具	油圧式ならい加工	ならいフライス盤による金型加工 超硬ボールエンドミル	金型ならい加工からNC加工へ コーティング工具 浅切込み高送り	金型加工の磨きレス化 高速ミーリング 環境対応・MQL加工
自動車部品加工	多軸専用機 工程分割	量産専用トランスファマシン 多軸頭専用機	多品種化 量産＋柔軟性 専用域のNC化	柔軟性優先 MCライン（FTL） ロボット搬送
サイクルタイムの比較[*2]	トヨタのサイクルタイムの推移例 6分	1～2分	0.5～0.75分	

  *1) NHK「映像の戦後60年」放送映像から引用
  *2) 宇山通「エンジン加工ラインの展開と今後の可能性」から引用

 1950（昭和25）年に朝鮮戦争の勃発を契機に，日本を取り巻く環境は大きく変化した．朝鮮戦争の特需を契機に，機械工業の復興の兆しが見え始め，約20年遅れたといわれた技術水準を取り戻すため，再び先進諸国の技術を消化吸収する努力が払われた．

 戦前・戦中の技術ブランクを埋めるため，国内企業各社が積極的に技術提携による欧米先進技術の導入を行なった．工作機械メーカーも欧米各国と幅広い技術提携が締結され，工作機械の設計と製造技術が導入された．これらには各工作機械メーカーのその後の主力機種の土台となる提携機種が数多く含まれている．この技術提携の効果はまさに絶大であって，日本の工作機械技術，製造技術は急速に向上することができた[8]．

 昭和30（1955）年代になると輸出船の急増によっ

て活況を呈し，1956（昭和31）年の経済白書は「もはや戦後ではない」と記述し，「神武景気」を迎えて家電業界も白黒テレビ，電気洗濯機，電気冷蔵庫の「三種の神器」の普及によって活況を示してきた．外国技術の吸収も進み，終戦以来の老朽設備も次第に更新された結果，最新設備によって国際競争力は強化され，輸出の増大により生産規模も拡大していった[5]．

 日本が戦後復興期にあって，工作機械産業も暗中模索の状態のなかで，米国においては画期的な新技術であるNC工作機械が開発されていた．第二次世界大戦後，アメリカ空軍は複雑形状の航空機部品の加工や，検査用ゲージの高精度加工を必要としていた．

 そこでJ.T.パーソンズ（米国）は工作機械の各軸をパルスで制御し，所定の輪郭に切削する電子的制御

1 モノづくりと機械加工の歴史 11

方法を考案し，1952（昭和27）年にMIT（マサチューセッツ工科大学）で世界初のNC立型フライス盤を完成した．

世界初のNCフライス盤の開発に刺激されて，日本においてもNC工作機械を開発するための試作が積極的に進められた．1957（昭和32）年には，日本におけるNC工作機械第1号機となるNC旋盤が東京工業大学精密工学研究所において試作された．同じ頃，富士通はパラメトロン回路素子を使用したNC装置を開発し，NCタレットパンチプレスを1956（昭和31）年に試作した．

1958（昭和33）年に富士通製のNCを搭載した牧野フライス製作所のNCフライス盤，さらには日立精機のNCフライス盤が完成した．

そうしたなか，1958（昭和33）年にはマシニングセンタ（machining center，以下MCという）の製品化第一号機として，カーネイ＆トレッカー社（米）の「ミルウォーキマチック・モデルⅡ」（**写真5**）が発表された．

これまでのNC工作機械の機能に自動工具交換装置（ATC：Automatic Tool Changer）と工具を収納する工具マガジンを付加し，1台の工作機械で穴あけ，ねじ穴加工，フライス削りなど一連の加工作業を自動化したもので，この機械の出現により大幅な自動化・無人化が可能となり，その後の機械加工プロセスに革命を起こすことになる．

その後もアメリカにおいては工作機械の研究開発が精力的に実施され，世界の工作機械生産額の25％以上を占め，まさしく世界のリーダとして君臨していた．1960（昭和35）年には，世界初の適応制御フライス盤がベンディックス社（米）によって開発された．

こうしたアメリカの宇宙航空・軍事技術優先の高度技術開発指向に対し，高度成長期にあった日本においては，生産設備の自動化・無人化への要求が強かったため，民生品市場向けの安価なNC工作機械の開発に重点が置かれた．

この高度成長期においても，欧米各国からNC工作機械とMCを始め各種工作機械の技術導入が盛んに行なわれ，その結果，昭和40（1965）年代にはNC工作機械が急速に普及し，またMCも生産され始めた．そして，高度成長期の1960年代後半になって，カラーテレビ，乗用車，ルームクーラの「3C」の普及期に入り，戦後最長といわれる息の長い「イザナギ景気」を享受し，同時に船舶，自動車，カラーテレビなどの商品を海外に輸出した．

1970年代に入ると，NC工作機械の生産台数は急速に増加し，工作機械の輸出額が急増し，1972（昭和47）年には輸出額が輸入額を上回った．

日本では制御軸数の少ないボール盤，旋盤からフライス盤と幅広くNC化が進められ，とりわけ省力化効果が大きいMCを中核とした一連の自動化ラインが，その後の機械加工工場の様相を，一変させることにな

写真5 世界初のマシニングセンタ（カーネイ＆トレッカー）[9]

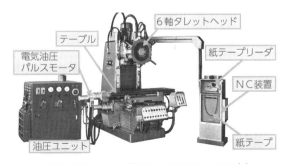

写真6 NCフライス盤 (OKK TM-3NC, 1967年)

12

る．

1960年代後半のタレット形NCフライス盤を**写真6**に示す．本機は汎用のベッド形立てフライス盤をNC化した立型NCフライス盤をベースに，タレットヘッドを付加したもので，当時タレット形マシニングセンタとも呼ばれた．タレットヘッドの6本の主軸は割出し機構で自動選択され，主軸の最高回転数は1250min^{-1}である．

右側の独立した筐体が初期のNC装置で，コスト低減のために，X，Y，Z，各軸の切換えによる1軸駆動方式とし，電気油圧パルスモータを使用したオープンループ制御を採用している．なお，NC指令の1パルスが送り軸の0.01mmに相当する．

当時のNCサーボ機構は，NC旋盤には電気パルスモータが一般的で，フライス盤には約10倍の出力が得られる電気油圧パルスモータが使用された．これらのパルスモータは，指令パルス速度と数によって，その回転数と回転位置が定まるので，サーボ系は非常に簡単で安定性がよいのが特徴である．

NC装置からのパルス指令によりインクリメンタル指令（0.01mm/パルス）で各軸が位置決めされる．なお，NC装置には入力装置として紙テープリーダが具備され，テレタイプパンチャでせん孔された紙テープ（**図11**）のコードを読み取る構成となっている．

紙テープには主軸の回転や停止などの補助機能（M信号），各移動軸の送り速度機能（F機能）などの情報がテープ・フォーマットに従ってせん孔されている．

写真7に昌運工作所製NC旋盤を示す．本機はフランス・カズヌーブ社との技術提携で誕生した昌運カズヌーブ旋盤をNC化したものである．主軸はテーパころ軸受で支持され，主軸最高回転数は2500min^{-1}で，XZ軸は電気パルスモータ駆動のオープンループ制御

方式が採用された．

1970年代後半に入ると，NC装置やサーボ機構の進展が著しく，NC工作機械の形態も大きく変化した．**写真8**は1977（昭和52）年に開発されたOKK製立型MCで，主軸はBT#50テーパ，アンギュラ玉軸受支持のグリース潤滑で最高回転数は3,500min^{-1}，主軸頭には油圧バランサが直結されている．この頃には主軸モータがDCモータとなり主軸の回転速度制御が可能となった．また，X，Y，Zの送り軸にはDCサーボモータが採用され，シングルアンカ方式で支持されたボールねじにより，セミクローズドループ制御で位置決め制御された．すなわち，サーボモータに直結したレゾルバなどの位置検出器とタコメータ・ジェネレータなどの速度検出器によって，位置と速度を検出して制御する方式である．

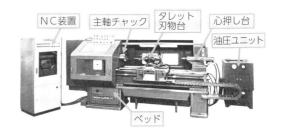

写真7　NC旋盤（昌運工作所 HBNC575）

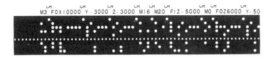

図11　せん孔された紙テープの例

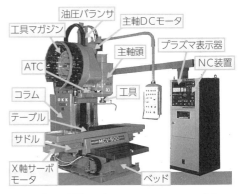

写真8　立型MC（OKK MCV-500，1977年）

表3 機械加工関連の歴史年表[1]

年代	工作機械技術	関連事項・時代背景
1701年	ブルミエ（仏）ねじ切り盤	
1712年		ニューコメン（英）大気圧蒸気機関
1713年	マリッツ（スイス）立型砲身中ぐり盤	
1759年	スミートン（英）シリンダ中ぐり盤	
1769年		ワット（英）蒸気機関を発明
1774年	ウィルキンソン（英）砲身中ぐり盤	
1776年	ウィルキンソン（英）シリンダ中ぐり盤	
1797年	モーズレイ（英）ねじ切り旋盤	
1798年		ホイットニー（米）限界ゲージ方式
1800年	ブランチャード（米）銃床旋盤	
1803年		モーズレイ（英）定盤を製作
1818年	ホイットニー（米）フライス盤	
1820年頃	フォックス（英）平削り盤	
1830年頃	ナスミス（英）フライス盤	
1839年		ナスミス（英）蒸気ハンマ
1845年	フィッチ（米）世界最初のタレット旋盤	
1853年（嘉永6年）		ペリー（米）浦賀に来航
1855年	リンカーン社（米）スライス盤	
1857年	最古の立型フライス盤（英）	
1859年	リンカーン社（米）4軸ボール盤	
1862年	ブラウン・シャープ社（米）万能フライス盤	
1867～1868年		明治維新
1868年		
1876年	ブラウン・シャープ社（米）万能研削盤	ブラウン・シャープ社（米）マイクロメータ
1885年		ガソリンエンジンの発明
1886年		ダイムラー（独）ガソリン自動車の発明
1889年（明治22年）	池貝製第1号旋盤	
1893年	ナショナルACME（米）多軸自動盤	
1897年		ヨハンソン（スウェーデン）ブロックゲージ開発
1900年	ノートン（米）重研削用円筒研削盤	高速度鋼、3相誘導モータの発明
1901年	ブラウン・シャープ社（米）モーター一体型万能フライス盤	
1903年		テイラー（米）科学的管理法
1904年（明治37年）		日露戦争勃発
1913年		フォード（米）コンベヤ流れ作業組立ライン
1914年（大正3年）		第一次世界大戦勃発
1917年	シンシナティ社（米）5番フライス盤	
1921年	ケラー社（米）ならい形彫り盤	
1924年	モリス・モーターズ社（英）トランスファ・マシン	
1925年		ホーニング盤開発
1926年		クルップ社（独）超硬合金
1927年		ショットピーニング法開発
1930年	シンシナティ社（米）油圧ならい形彫り盤	
1930年代	ジョージ・フィッシャー社（スイス）ならい旋盤	ラップ盤
1937年（昭和12年）		S型工作機械・旋盤
1938年		クライスラー社（米）超仕上げ法
1941年（昭和16年）		太平洋戦争勃発
1945年（昭和20年）		太平洋戦争終戦
1950年（昭和25年）	自動車用ピストン製造工程全自動化（ロシア）	朝鮮戦争勃発・外資法
1950年代		プロセス・オートメーション（米）
1952年（昭和27年）	マサチューセッツ工科大学（米）世界初のNCフライス盤	シャルミー社（スイス）放電加工機
1956年（昭和31年）	バーグマスター社（米）NCボール盤	
〃	富士通NCタレットパンチプレス	バーグマスター社（米）NCボール盤
1957年（昭和32年）	NC旋盤（東京工業大学）	
1958年（昭和33年）	牧野フライス 日本初のNCフライス盤	
〃	カーネイ&トレッカー社（米）世界初のマシニングセンタ	
1959年（昭和34年）	富士通 電気油圧パルスモータ	日本精工 ボールねじ
1960年（昭和35年）	ベンディックス社（米）適応制御フライス盤	
1964年（昭和39年）		アジエ社（スイス）NCワイヤ放電加工機
1967年（昭和42年）	モリンス社（英）DNCシステム24	
1968年（昭和43年）	日本国有鉄道 DNC群管理システム	

なお，NC装置の表示器にはこれまでのニキシー管に代わりプラズマのドット表示器が採用され，位置情報のみならずNCプログラムなど，より多くの情報が表示可能となった．この結果，紙テープによる入力だけでなく，キー操作により直接NCプログラムが入力できるようになり，操作性が大幅に向上した．

　最後に，本章のまとめとして，これまでの経緯を**表3**の工作機械の歴史年表にまとめておく．

＜参考文献＞
1）幸田盛堂：精密工学基礎講座「工作機械　機能と基本構造」，精密工学会（2013），p.21
　http://www.jspe.or.jp/publication/basic_course/
2）清水伸二，伊東正頼ほか：トコトンやさしい工作機械の本，日刊工業新聞社（2011），p.142
3）L.T.C. ロルト（磯田浩訳）：工作機械の歴史，平凡社（1989）
4）S. リリー（伊藤新一ほか訳）：人類と機械の歴史（増補版），岩波書店（1968），p.171
5）武田時夫：機械業界，教育社（1975）
6）一寸木俊昭：工作機械業界，教育社（1978）
7）歴史に残った工作機械，ツールエンジニア，2009-1，p.90
8）永瀬恒久：工作機械界の75年と今後，日本機械学会誌，75巻646号（1972），p.1547
9）NC工作機械1号機の開発を訪ねて，ツールエンジニア，2009-1，p.86

2 工作機械による形状創成と加工精度

1. 機械加工法の種類と特徴

日本工業規格（JIS）の定義によれば，工作機械とは「主として金属の工作物を，切削，研削などによって，または電気，その他のエネルギーを利用して不要な部分を取り除き，所要の形状につくり上げる機械」とされ，狭義には金属切削工作機械を指す．

そして，工作機械を使用して工作物（work）を所要の形状や寸法の部品に加工することを機械加工（machining）と呼び，このうち刃物を用いて工作物を削る機械加工，いわゆる除去加工を切削加工と呼んでいる．

機械的な除去加工法として，図1に示すように切削加工（cutting），研削加工（grinding），研磨加工（polishing），それに放電加工や超音波加工，レーザ加工などの特殊加工の4つに分類される．

これらの加工法はその切削機構の観点から，図2に示すように基本的に強制切込み方式と圧力切込み方式に分類され，加工精度，加工能率の点においても大きく異なる．なかでも形状創成にかかわる形状制御性が根本的に異なる．

圧力切込み方式，たとえばラップ仕上げ加工の場合には，工作物を研磨圧 p でラップに押し付け，工作物とラップ間のラップ剤によって工作物の表面層が順次除去されていく．このため工作物表面の研磨量（研磨深さ）は Preston の経験則に従い，研磨圧 p，研磨速度 v そして研磨時間（回数）に比例することになる．

このため，圧力切込み方式においては，工作機械の位置決めや切込み精度にはほとんど無関係に形状創成がなされ，工作機械の運動精度は直接的には加工精度に影響しない．

これに対し，強制切込み方式の旋削や研削加工においては，母性原則に従って工作機械の運動精度や剛性

図1 工作機械の加工方法（日本工作機械工業会）

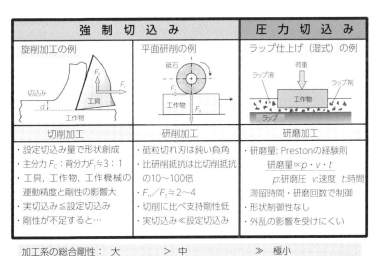

図2 強制切込みと圧力切込み[1]

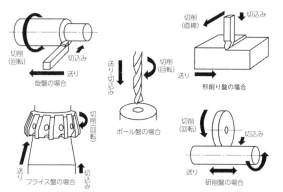

出所：大河出版「工作機械のメカニズム」

図3 工作機械における工具と工作物の相対運動

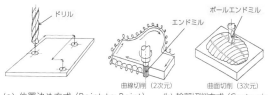

出所：浜岡文夫「数値制御の設計」，大河出版

図4 位置決め方式と輪郭切削方式

が直接的に形状創成に関与し，加工精度に影響を及ぼすことになる[1]．

工作機械には，加工するための基本的な動作，すなわち図3に示す切削運動，送り運動と切込み運動の3運動が具備されており，これらによって工具と工作物の相対運動が高精度に行なわれ，所要の形状が創成されることになる．

またNC化によって，図4に示すように，Point to Pointの位置決め方式によるドリル加工や中ぐり加工，さらには補間演算による2次元曲線切削，さらには金型曲面などの3次元加工など，多様な運動の組合せを容易に実現できるようになり，複雑な形状を高精度・高能率に加工できるようになった．

2. 機械加工と加工精度

所望の製品・部品を加工によって製造するためには，過去の経験やノウハウから工作機械や加工法，さらには工具・工作物を選択して，所定の精度の製品・部品を高能率で，しかも低価格で生産することが求められる．

しかしながら，図5に示すように，入力（目標精度，目標加工時間）に対し，1対1に対応した出力（加工精度，加工能率）が必ずしも得られるわけではない．これには工作機械，加工法，工具と工作物の特性などが関係し，外乱の影響を受けて目標精度が劣化するのが常である．

母性原則に立脚した工作機械を用いる以上，計測による補正を行なわずに，使用した工作機械の創成運動精度以上の精度を持った部品を加工することは原理的に不可能である．実際の加工中には切削力，切削熱，振動，工具の損傷など多くの外乱が作用するため，部品の加工精度は工作機械自身の運動精度よりさらに低下する場合が多い（図6）[2]．

部品の加工精度は，たとえば図7の部品では，面の

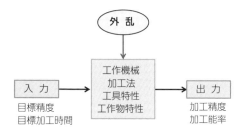

図5 機械加工の入力と出力

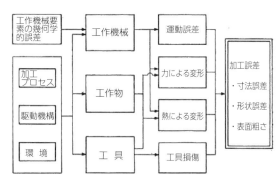

図6 機械加工における加工誤差の発生[2]

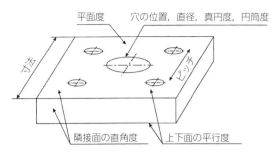

図7 部品の幾何学的精度の評価内容[3]

平面度，隣接面間の直角度などの形状精度，部品あるいは穴の寸法精度，さらには部品表面の表面粗さ，加工変質層などの仕上げ面性状で評価される．これらの形状精度，寸法精度，仕上げ面性状を評価することは生産工程あるいは最終的な製品の機能として重要であるとともに，それら加工誤差の発生要因を特定することができる．

部品の幾何学的精度の評価項目として，**表1**に示す幾何偏差の種類が規定されている．これらの幾何偏差の代表例は**表2**のように定義されており，これらの結果から逆に，工作機械の運動精度の評価を行なうことが可能となる．

3. 加工法と切削条件の選定

工作物の要求仕様に応じて，その要求を満たすような加工法の選択と加工時間，コストを考慮した最適な切削条件を選定することになる．

切削条件は**表3**のように工作物の材質と物理的性質，刃具の形状と材質，工作機械，加工位置などで決まるが，経済的に見合う条件は経験やノウハウもしくは工具メーカーの資料を基に決めることになる．

切削条件としてまず切削速度，そして工具や工作機械の剛性を考慮して送り速度と切込みを決定することになる．金型などのボールエンドミルを使用した形状加工においては，表面粗さに直接影響するピックフィードの選定が重要となる．

表1 幾何偏差の種類[3]

種類		関連する形体
形状偏差	真直度 平面度 真円度 円筒度	単独形体
	線の輪郭度 面の輪郭度	単独形体 または関連形体
姿勢偏差	平行度 直角度 傾斜度	関連形体
位置偏差	位置度 同軸度および 同心度 対称度	
振れ	円周振れ 全振れ	

表2 幾何偏差の定義[3]

項目	説明図	定義
真直度 （一方向）		2つの平行平面ではさんだときの両平面の最小間隔
平面度		2つの平面ではさんだときの両平面の最小間隔
真円度		2つの同心円の幾何学的円ではさんだときの二円の最小の半径差
円筒度		2つの同軸の幾何学的円筒ではさんだときの二円筒の最小の半径差
平行度 （一方向）		2つの平行平面ではさんだときの両平面の最小間隔

表3 切削条件の要因[4]

・工作物の種類と物理的性質
・刃具の形状および材質
・刃具の突出し長さ
・工具ホルダの剛性
・切込み深さおよび加工しろ
・機械剛性と加工位置
・工作物の剛性
・工作物の取付状態および取付具の剛性
・工具寿命時間の取り方
・仕上げ精度
・表面粗さ
・切削油剤

切削速度は，工具の外周切れ刃が工作物を削る速度であり，これは切削条件の3要素のなかで最も重要な要素である．加工能率だけを考えると切削速度はできるだけ高いことが望ましいが，工具寿命や切削中のびびり振動，刃先の損傷を考慮し，従来の経験やノウハウから決定される．

すなわち量産部品か，もしくは典型的な一品生産である金型かによって，工具寿命，加工面品位，加工能率のいずれを重視するかによって，切削条件が大きく変わることになる．

切削速度選定の第一要件は工具寿命であり，工具で工作物を切削することによって，刃先にすくい面摩耗（クレータ摩耗：K_T）と逃げ面摩耗（フランク摩耗：V_B）が生じ，逃げ面摩耗の大きさが一定値を超えた時点で工具寿命と判定される．

工具寿命T(min)と切削速度V(m/min)との間には，
$$VT^n = C \tag{1}$$
の関係がある．nとCは工具と工作物の材質や硬度で決まる定数である．

上式に切削時間コストと工具コストの関係から，切削速度による全コスト（切削コスト）の変化を示したのが図8である．これから，生産性や経済性からみて最適な切削速度があることがわかる．

量産部品加工においては，加工能率の向上とともに加工ラインの信頼性と安定性が最重要視され，なかでも工具寿命や工具交換時期の管理がラインとしての生産性を左右することになるため，切削速度の選定には種々の要因が加味されて決定される．

一方，金型加工においては形状と表面精度が重要視される．表面精度としての表面粗さを一義的に決定するのは工具径とピックフィードである．

ボールエンドミルを使用した金型の形状加工の例を図9に示す．送り方向に対して直角方向に間欠的に移動する，いわゆるピックフィードp_fとボールエンドミルの工具半径Rによって決定される山形状の削り残し（カスプ）が発生する．この山の高さをカスプハイトと呼び，近似式$(p_f)^2/8R$で表わされ，ピックフィー

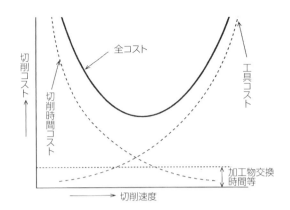

図8 切削速度とコストの関係 [4]

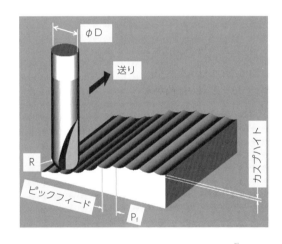

図9 ボールエンドミルによる金型形状加工 [5]

ドとカスプハイトの関係を図10に示す．

図10から，ピックフィード量を小さくするほど，カスプハイト（表面粗さ）は小さくなるが，反面，工具経路が長くなりそれだけ加工時間も長くなり，コスト高となる．

従来のボールエンドミル加工では1刃あたりの送り量が0.2～0.3mm/刃程度と低かったため，送り方向の表面粗さは問題にならなかったが，高速ミーリング加工の進展により，高能率化のため0.5mm/刃以上の高い送りが使用され始めると，カスプだけでなく送り方向の表面粗さを考慮する必要がでてきた．

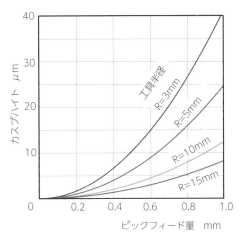

図10 ピックフィードとカスプハイトの関係

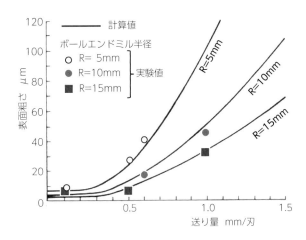

図11 送り量と表面粗さの関係[6]

すなわち，送り量が小さい場合には，カスプハイトによって表面粗さが決められたが，送り量が大きくなると，送り方向の凹凸が大きくなるとともに，回転する切れ刃による削り残しが多くなり表面粗さは急激に悪くなる[6]．

図11に示すように，ボールエンドミル半径 R = 15mmと大きくなっても，約0.4mm/刃以上の送りでは削り残しが多くなり，表面粗さが急激に大きくなっているのがわかる．

4. 加工精度と表面性状の評価

ユーザーが要求する精度は，前出図6の寸法精度，形状精度，表面粗さだけでなく，加工の高度化に伴い加工表面の品位も問われるようになってきた．

とくに金型加工面においては，射出成形品などへの転写精度が問題となるため，後工程である平滑化を容易にするため，きずや筋，スクラッチがなく，しかも加工面の凹凸の等方性（異方性がないこと）が求められている．このため，表面粗さの数値，たとえば Rz が同じ値であっても表面性状が異なれば，加工精度の評価が異なることになる[7]．

そこで本節では，金型加工で多用されるボールエンドミル加工において，工具の回転精度が金型表面性状に及ぼす影響，さらには工作機械送り駆動系の周期誤差と輪郭加工精度，加工面性状との関係を明らかにし，工作機械や工具の運動精度による形状創成機能と加工精度の評価を行なう．

[1] 主軸回転精度が加工面性状に及ぼす影響[8]

図12に示すように，マシニングセンタ（以下，MCという）の主軸に，アタッチメント主軸を工作物加工面に対してθだけ傾斜させる形で取り付けて加工を行ない，加工面の観察と表面粗さの測定を行なった．MCの位置決め，案内精度や振動の影響を極力排除するため，MCの軸移動を最小限に制限して加工を行なった．

加工条件は表4に示す通りで，刃先形状精度±5 μm 以下のϕ6.0mm，2枚刃の超硬ボールエンドミルを回転数1万 min^{-1} で使用し，工作物は工具形状と工作機械の運動誤差の転写性が良好なアルミ材 A5052 を用いた．切込み深さとピックフィード量は，それぞれ0.06mmと0.15mmとし，送り量を0.038〜0.225mm/刃の範囲で変化させた．

① 工具回転振れと送り量の影響

送り量0.1mm/刃，工具傾斜角56.4°の条件で加工された加工面の観察写真を図13に示す．

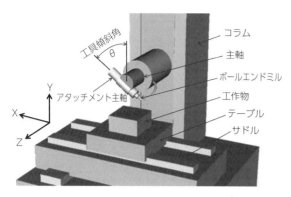

図12 MCとアタッチメント主軸の構成[8]

表4 ボールエンドミル加工条件[8]

工具径	6.0	[mm]
切れ刃数	2	[teeth]
工作物	A5052	
主軸回転数	10,000	[min^{-1}]
送り量	0.038〜0.225	[mm/刃]
切込み深さ	0.06	[mm]
ピックフィード量	0.15	[mm]
工具傾斜角	0〜60	[degrees]
切削油剤	オイルミスト	
加工方向	一方向加工,ダウンカット	

図13（a）および図13（b）は,それぞれ工具回転振れ量が3.8μmと0.9μmの場合である.回転振れ量はコレットの位相を調整した結果によるもので,同じ加工条件でも工具回転振れの影響により加工面性状が異なっているのがわかる.

図13（a）は,送り量の2倍に相当する0.2mmのピッチの規則的なカッタマークが見られ,加工面がボールエンドミルのほぼ1枚の切れ刃によって,生成されている.

一方,図13（b）はピッチの異なるカッタマークが交互に現れており,ボールエンドミルの2枚の切れ刃により加工面が生成されている.このことから工具回転振れ量が小さいほど,2枚の切れ刃により加工面が生成されることがわかる.

両者の送り方向の表面粗さ曲線を図14に示す.いずれも2枚刃のカッタマークが確認できるが,振れ量が大きいほど,2枚刃のうちの一方の刃による生成面の割合が大きくなり,その結果,表面粗さも大きくなっている.

図13と同じ加工条件を用いてシミュレーションを行なった結果を図15に示す.図15（a）は,送り量の2倍に相当する0.2mmのピッチのカッタマークとなり,図15（b）はピッチが0.06mmと0.14mmのカッタマークが交互に表われている.

実験結果とシミュレーション結果の特徴がよく一致し,工具回転振れ量によって加工面性状が異なることがシミュレーション結果からも確認できる.

次に加工面の表面粗さRzの測定結果を図16に示す.図中の破線はシミュレーションから求めた表面粗

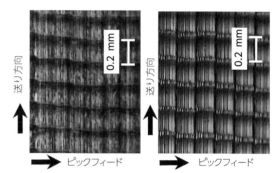

主軸回転数：10,000min^{-1}, 送り量：0.1mm/刃, 工具傾斜角：57.4°
(a) 工具回転振れ量：3.8μm (b) 工具回転振れ量：0.9μm
図13 ボールエンドミル加工面の観察写真[8]

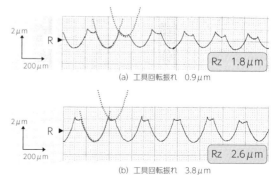

(a) 工具回転振れ 0.9μm

(b) 工具回転振れ 3.8μm
図14 送り方向の表面粗さ曲線[8]

さを示している．シミュレーションから求めた表面粗さは，0.5μm 以内で測定結果と一致している．

図 16 において送り量と表面粗さの関係は，送り量 0.1mm/刃を境に異なった特徴を示している．すなわち，送り量が 0.1mm/刃未満の場合は，工具回転振れ量によらず表面粗さが同じ値になっている．この送り量の範囲では，ボールエンドミルの 1 枚の切れ刃により加工面が生成されるため，工具回転振れ量が表面粗さに影響を及ぼさない．

送り量が 0.1mm/刃以上になると，ボールエンドミルの 1 枚あるいは 2 枚の切れ刃のどちらで加工面が生成されるかは工具回転振れ量で決定されることになり，表面粗さは工具回転振れ量に依存することになる．

したがって，表面粗さの小さい規則的なカッタマークの加工面を得るには，1 枚の工具切れ刃で加工面が生成される送り量にする必要がある．反対に高速送りの加工を行なう場合は，工具回転振れ量を調整しなければ，規則的なカッタマークの加工面が得られない．

この実験条件下において，工具回転振れ 0.9μm では送り量 0.07mm/刃以下で 1 枚の切れ刃で加工面が生成され，工具回転振れ 3.8μm では送り量 0.14mm/刃以下で 1 枚の切れ刃で加工面が生成されることがシミュレーションによって確認された．

② **工具回転振れと工具傾斜角の関係**

工具傾斜角が 2.0°と 57.0°の場合について，工具回転振れ量が 0.9μm の場合の加工面の観察写真を図 17 に示す．図 (a) と図 (b) のカッタマークは，それぞれトロコイド曲線状と方形状になっており，工具傾斜角によって加工面の生成過程が異なることがカッタマークの違いから推測される．

工具回転振れ量が 0.9μm と 7.4μm の場合の，工具傾斜角と表面粗さの関係を，図 18 に示す．破線はシミュレーション結果で，工具傾斜角 5°以下で，シミュレーション結果が実験結果よりも小さくなっているが，全体に測定結果とよく一致している．

工具回転振れ量が 0.9μm の場合は，工具傾斜角の増加とともに表面粗さが減少し，工具傾斜角 5°以上の範囲で表面粗さがほぼ一定になっている．工具回転振れ量が 7.4μm では，工具傾斜角 30°以上の範囲で表面粗さがほぼ一定になっている．このことから表面粗さが一定となる境界の工具傾斜角が存在するといえる．

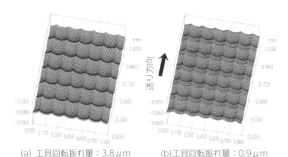

(a) 工具回転振れ量：3.8μm　　(b) 工具回転振れ量：0.9μm

図 15　加工面のシミュレーション結果[9]

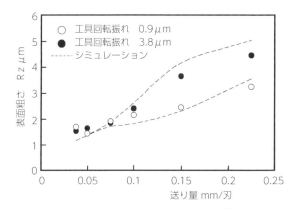

図 16　送り量に対する表面粗さの変化[8]

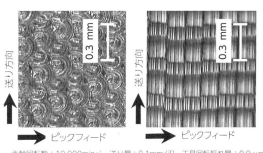

(a) 工具傾斜角：2.0°　　(b) 工具傾斜角：57.0°

図 17　工具傾斜角による加工面の変化[8]

工具回転振れ量が7.4μmの場合に，工具傾斜角が5°付近で表面粗さが最小値になっている．一方，工具回転振れ量が0.9μmの場合では，表面粗さが最小値になる工具傾斜角は存在しておらず，工具回転振れ量によって，工具傾斜角と表面粗さの関係が異なると推測される．

そこで工具傾斜角と表面粗さの関係について，工具回転振れ量を7.4μmとしてシミュレーションを行なった結果を図19に示す．図18と同じ加工条件で，図19（a），図19（b）および図19（c）は，工具傾斜角がそれぞれ30°，5°，0°の場合である．

図19（a）の工具傾斜角30°の加工面は，送り方向に0.3mmピッチのカッタマークになっている．このピッチは送り量の2倍と一致し，ボールエンドミルの1枚の切れ刃で加工面が生成されている．前述のように加工面がボールエンドミルの1枚の切れ刃で生成される場合には，工具回転振れ量が表面粗さに影響を及ぼさない．

図18の測定結果では，工具傾斜角30°以上の範囲においてボールエンドミルの1枚の切れ刃によって加工面が生成されているため表面粗さがほぼ一定になっている．

図19（b）の工具傾斜角5°の加工面は，ボールエンドミルの2枚の切れ刃で生成された比較的均一なカッタマークになっている．シミュレーションでは，工具切れ刃の半径方向の誤差を工具回転振れ量と仮定しているため，工具傾斜角が0°に近づくほど工具回転振れの影響が減少する．その結果，加工面が均一なカッタマークになり，表面粗さが小さくなっている．

工具の傾斜角が0°の図19（c）では，工具回転振れの影響は見られない．しかしながら工具先端付近の切れ刃の軌跡がトロコイド曲線状になるために，突起状の削り残しが生じて表面粗さが増加している[6]．この削り残しが，図18において工具傾斜角5°以下の表面粗さを大きくする一因となっている．

実際には，工具傾斜角が0°に近づくにつれ，工具先端部で加工することになり，それだけバリが発生しやすく表面粗さは大きくなる．

工具傾斜角と表面粗さの関係についてまとめると，工具回転振れ量の大きな条件では，工具傾斜角の増加とともに削り残しは減少するが，加工面に及ぼす工具回転振れの影響が増加する．その結果，図18に示したように工具傾斜角5°付近で表面粗さが最小になっ

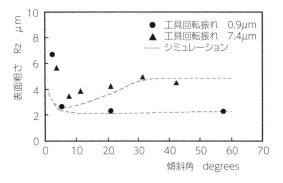

図18 工具傾斜角に対する表面粗さの変化[8]

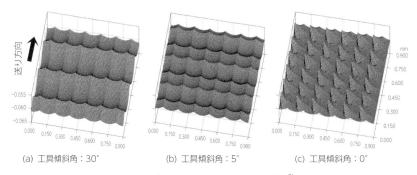

(a) 工具傾斜角：30°　　(b) 工具傾斜角：5°　　(c) 工具傾斜角：0°

図19 加工面のシミュレーション結果[9]

ている.

　工具傾斜角がさらに増加すると，加工面が1枚の切れ刃で生成されるようになり表面粗さがほぼ一定となる．工具回転振れ量が小さい場合には，工具傾斜角5°以上で表面粗さがほぼ一定となる．

　これらの工具回転振れや，工具傾斜角の加工面性状に及ぼす影響のほか，切込み誤差やピックフィードなどの影響を，シミュレーションにより定量的に把握することが可能である．

[2] 送り駆動系の周期誤差が加工面性状に及ぼす影響[10]

　一般の機械加工部品に比べ，加工精度のほか加工面品位が重要視される金型加工においては，主軸系の回転特性に加え，送り駆動系の微細送り特性，さらにはボールねじやリニアガイドの周期的誤差が金型加工面品位に大きく影響することになる．

　送り系の周期的誤差要因としては，たとえばNC補間演算誤差，送りサーボモータの駆動トルクリップル，エンコーダの周期的誤差，ボールねじのピッチエラーと玉通過振動，リニアガイドの転動体の出入りによる脈動などが加工面に周期的な縞目を発生させるケースがある．

　XもしくはY軸の1軸移動によるエンドミル直線加工では，送り速度方向の誤差要因（速度変動による誤差など）が表面品位に影響しない場合であっても，X，Y，2軸同時制御による加工において，表面品位に特徴的な縞模様が現れ問題となるケースがある．

　図20はころがり案内の立型MC 3機種，すなわち標準的な立型MC（S機）の金型仕様機（D機），そして微細金型加工機（MD機）について，45°XY移動時の軌跡誤差を交差格子スケールで測定したときの軌跡誤差である．45°傾斜面の移動において，S機では45°加工面に対し直角方向の軌跡誤差の最大値（PTP値）で1.9μmで，D機では0.8μm，そしてMD機では0.4μmと大幅に改善されているのがわかる．ちなみにMD機での0.4μmの変動はボールねじの回転周期に同期した誤差であ

り，これに重畳した高周波のリップルは送りサーボモータのコギングトルクに起因した位置偏差である．

　そこで図21に示すように，X軸に対し傾斜角θで工作物（アルミ材A5052）を取付け，60°の傾斜面を，φ6mm超硬エンドミルで加工した．なお，工具回転振れの影響を除くため，ボールエンドミルの1枚刃で加工した．

　θ=45°での加工面の表面粗さ曲線を図22に示す．ボールエンドミル切れ刃によるカッタマークが，送り軸方向の送り速度変動（位置偏差）に起因するうねり成分（平均線）のうえに重畳しているのがわかる．この平均線は，X，Y，2軸同時送り時の各軸の位置偏差が合成されたもので，単軸方向送りに比べて大きく

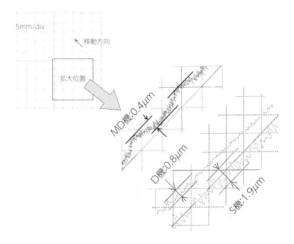

図20　45°傾斜面移動時の軌跡誤差[10]

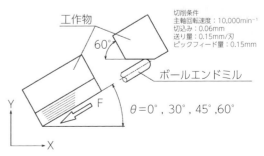

図21　傾斜面の加工[10]

なっており，45°の2軸同時送りの特徴がよく表われている．

S機では，カッタマークに加えて表面のうねりが確認でき，断面曲線のP-V値（断面曲線内での最大値と最小値の差）は2.5μmで，加工面のうねりを示した平均線には周期性がみられ，いくつかの周期が混在している．

D機，MD機ではP-V値は小さくなり，MD機ではツールマークのほかに加工面のうねりはほとんどみられず，断面曲線のP-V値も1.8μmと小さくなっている

図23（a）にS機による加工面の観察写真を示す．傾斜角θ=0°の場合，ボールエンドミルの切れ刃によって生成された0.15mmピッチのカッタマークが確認できるが，目視による縞模様は見られない．傾斜角θ=30°，45°，60°の場合には，カッタマークのほかに周期的な縞模様が表われている．

図中に示した実線は，加工面に見られた周期模様を模式的に表わしており，傾斜角θ=30°では，水平方向に対して72°と－50°の角度をもった周期模様が確認される．傾斜角θ=45°では±62°の周期模様，傾斜角θ=60°では50°の周期模様だけが確認できる．一方，D機とMD機ではカッタマーク以外の周期的模様は表われていない．

そこで，送り系の周期誤差が加工面に及ぼす影響を確認するため，シミュレーションで検討した．すなわ

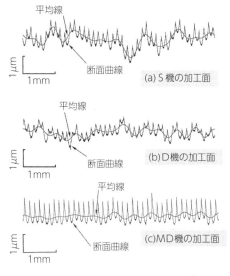

図22　加工面の断面曲線（θ=45°）[10]

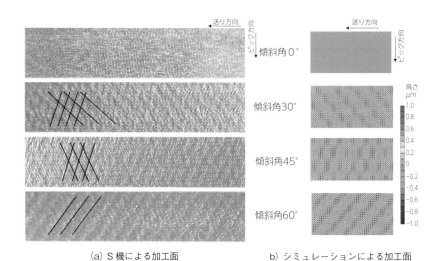

(a) S機による加工面　　　b) シミュレーションによる加工面

図23　加工面画像とシミュレーション結果の比較 [10]

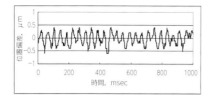
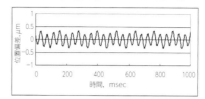
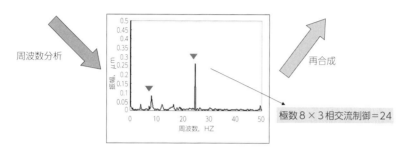

図24 X軸送り軸方向の周期誤差 (送り速度：1000mm/min)[10]

ち，図24の位置偏差データを周波数分析すると2つのピークがみられ，これらを再合成したシミュレーション波形から，表面性状を求めた結果を図23 (b) に示す．なお，24Hzのピークは送りサーボモータの駆動トルクリップル（コギングトルク）に起因するものである．

図23 (b) のシミュレーション結果から，傾斜角 $\theta=0°$ の場合，0.15mmピッチのカッタマークは確認できるが，周期模様は見られない．傾斜角 $\theta=30°$ では，水平方向に対して $-60°$ の方向の周期が確認できる．傾斜角 $\theta=45°$ でも水平方向に対して $\pm60°$ 方向に傾斜した周期模様がある．傾斜角 $\theta=60°$ では $50°$ 方向の周期模様が表われている．これらの周期模様の角度は，図23 (a) に示した加工面の周期模様の角度とよく一致しているのがわかる．

一方，D機とMD機ではカッタマーク以外の周期的模様は一切見られず，送り特性が大幅に改善されていた．

ここでは，工具の回転振れと，送りサーボモータのコギングトルクの変動が，加工面品位に及ぼす影響を例示した．工具やツーリングさらには工作機械の回転振れ精度も向上しており，またサーボモータも磁気回路の最適化により，コギングトルクは従来に比べ約1／3に低減されており，今後の進展に期待したい．

<参考文献>
1) 幸田盛堂：工作機械の運動精度と加工精度，2013年度工作機械加工技術研究会 (2013-8)，大阪府工業協会
2) 稲崎一郎：機械加工システムにおける自動計測システム，精密機械 49巻3号 (1983)，p.320
3) 柴坂敏郎：加工計測，社会人が学ぶ生産プロセス技術，神戸市産業振興財団 (2009)，p.258
4) 貝原紘一：NCフライス加工，プラスチックの射出成形用金型，素形材センター (1999)，p.197
5) 安斎正博：高速ミーリングにおける鋼材の切削諸特性，NACHI TECHNICAL REPORT Vol.11A 1 (2006)
6) 是田規之，江川庸夫：CAEを利用したボールエンドミル加工の改善，精密工学会誌，60巻5号 (1994)，p.636
7) 幸田盛堂：金型磨き面における表面キャラクタリゼーション，精密工学会誌，61巻11号 (1995)，p.1529
8) 幸田盛堂，園田毅ほか：工具回転精度が金型表面性状に及ぼす影響，2001年度砥粒加工学会学術講演講演論文集 (2001)，p.351
9) 柴原豪紀，熊谷幹人ほか：工具回転精度が金型加工面テクスチャに及ぼす影響，砥粒加工学会誌53巻4号 (2009)，p.230
10) 柴原豪紀，幸田盛堂ほか：工作機械送り系の周期誤差が加工品位に及ぼす影響，精密工学会春季大会学術講演講演論文集 (2006)．

p.171

3 旋削・中ぐり加工と加工精度

1. 旋削の種類と分類

旋削加工（turning）とは，回転軸をもつ工作物を回転させて，固定工具により不要な部分を除去する加工方法で，軸対称部品いわゆる丸モノ加工を対象としている．

回転軸をもつ工作物を加工する旋削加工は，工作機械の発展の歴史（第1章参照）からも明らかなように，除去加工において最も基本となる加工法である．

ここでは，旋削加工の基礎として加工方法の分類，旋削加工の力学，旋削加工精度さらには中ぐり加工（boring）を中心に説明する．

旋削加工は，工作物を回転させ（旋回），工作物回転軸心と同じ高さに設置した工具により不要部分を除去する加工である．回転軸を持つ部品形状は，これにより加工することが多い．旋削加工は図1に示す工程に分類される．

古典的な旋盤からNC旋盤へ，そして多軸化・複合化指向の流れのなかで，複合加工機へと進展するに伴い，新たな旋削加工法として，図2に示すような（a）スカイビング加工，（b）ロータリ加工，（c）非軸対

(a)スカイビング加工　(b)ロータリ加工　(c)非軸対称非円形加工

図2　新しい旋削加工法

称非円形加工などが登場した．

これらはいずれも従来の旋削加工ではタブーとされている，軸心高さと工具すくい面高さが異なるレイアウトを採用している．この意味で，今後も旋削の概念を打ち破る新しい加工法が，開発される可能性がある[1]．

2. 旋削の基本と切削抵抗

旋削加工の基本方式は，図3に示すように，切削方向に垂直な切れ刃を持つくさび状の工具による2次元切削であり，これにより切削加工プロセスの基本を理解できる．旋削加工の突切り加工などが，これに相当する．

図3において，すくい角 α，逃げ角 δ のくさび状切れ刃が，切込み d，工具 - 工作物間の相対速度，すなわち切削速度 V で送られるとき，刃先前方の工作物は剪断作用により塑性変形を受け，さらに工具すくい面に沿って移動する際に，摩擦に伴う二次的な塑性変形を受け，切りくずとなって流出する．

この切削現象，すなわち切りくず生成プロセスにおいて，工具刃先にかかる切削抵抗が，工作物の切削速度方向成分（主分力 F_c）と，それに垂直な成分（背分力 F_t）として作用することになる．

図4は旋削加工時に工具に作用する切削抵抗を，合

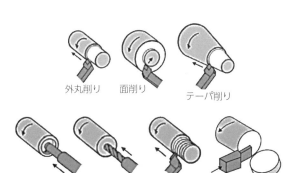

図1　旋削加工の種類（日本工作機械工業会）

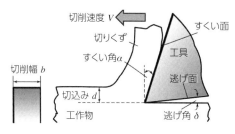

図3 2次元切削

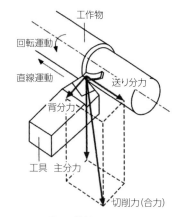

図4 旋削における切削抵抗

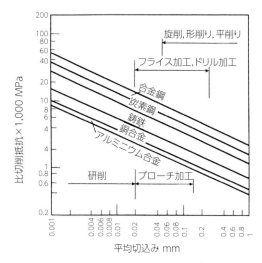

図5 代表的な工作物の比切削抵抗[2]

d：切込み mm
f：主軸1回転当りの送り量 mm/rev

切削抵抗による工具・工作機械構造の変形と工具摩耗は，工作機械による加工精度を劣化させる大きな要因となるため，工具の管理は加工技術者にとってとくに重要となる．

3. 旋削加工における加工誤差

旋盤による旋削加工（図6）においては，主軸の回転精度や振動のほか，移動軸の幾何誤差（案内精度），切削抵抗による各部の変形，工具・工作機械の熱変形と工具摩耗などの影響が，工作物に転写されることになる．

このときの工作物と工具の関係は，図7に示す位相的関係で表わされる．

すなわち工作物→主軸台・心押台→ベッド→往復台→工具という力の流れを形成し，これら各要素に切削抵抗や切削熱など種々の要因が影響することによって加工誤差を生じることになる．

具体的に円筒工作物を外丸削りした場合，加工誤差がどのように工作物に転写されるのか．基本的に円筒工作物は外径寸法，真円度，円筒度そして表面粗さで

成切削抵抗と各軸成分に分解して示している．工作物の回転数，工具（バイト）の送り量，切込み量の3つの条件を設定することにより，工作物と工具の相対運動が決まり切削が行なわれる．

理想的な条件下では，これらの3条件により工作物の形状，寸法，表面粗さなどが幾何学的に決定されるが，実際の加工においては切削に伴う切削抵抗と切削熱が発生する．

切削抵抗は，主分力，背分力，送り分力の3成分に分解され，主分力が最も大きく，ついで背分力，送り分力の順となる．このうち主分力 F_c は切削速度方向の切抵抗成分で，旋盤の切削動力に直結する成分で，図5に示すように加工方法，加工条件により決まる係数 k_c を用いた実用式で与えられる[2]．

$$F_c = k_c \cdot d \cdot f \qquad (1)$$

ここで，k_c：主分力の比切削抵抗 MPa

評価される．

旋盤で行なう加工には基本的に，①工作物を回転させて円周の加工，②工具を工作物の回転軸に平行に送って円筒面の加工と，③工具を工作物の回転軸に直角に送って平面（端面）の加工の3種で，①の加工によって真円度が，②の加工によって円筒度，③の加工によって平面度が規定されることになる．

真円度を確保するためには，工具刃先と工作物との距離が切削中に変化しないことが必要で，主に主軸の回転精度と旋盤本体の振動特性に，左右されることになる．

円筒度については，切削中の工具刃先の運動が工作物の回転の中心線に平行であること，すなわち主として往復台の案内精度（真直度）と工具の熱変位の影響

が大きい．平面度に関しては，工作物の回転中心線に対して工具刃先の運動が直角であり，かつその運動が真直であることが必要となる．

当然のことながら，切削条件によって加工誤差の主要因である熱と力，なかでも切削抵抗の背分力成分が変化し，加工誤差の構成要因の比率が異なってくる．

図8は，NC旋盤で構造用炭素鋼（S45C）の丸棒（直径80 mm，長さ600 mm）を両センタで支持し，超硬合金（P20）で，典型的な切削条件3種での加工誤差（形状誤差としてのテーパ）の構成要因を示したものである．切削油剤のない場合，全加工誤差の50%以上を占めていた工具熱変位誤差は，切削油剤を使用することによって大きくその割合が低減している．しかも切削油剤の使用により工作物熱変位誤差はほぼ皆無になっているのがわかる．

一方，工作物変位誤差は，横切れ刃角が30°になると，切削抵抗背分力成分の増加により倍増し，加工誤差に占める割合としてもかなり大きくなっているのがわかる．

上記の例では外径の1パス加工であるが，通常の連続加工では，時間の経過につれて工具摩耗による外径と表面粗さへの影響が顕著となる．

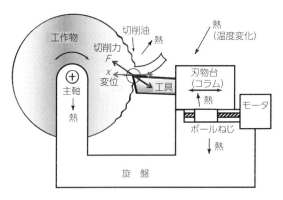

図6　旋盤による旋削加工[3]

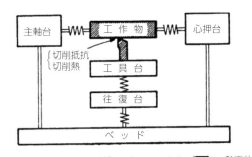

図7　旋盤の変形，幾何精度のモデル化[4]

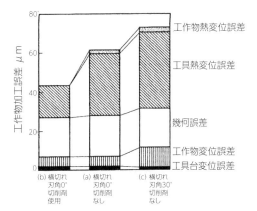

図8　外周旋削加工における加工誤差の割合[4]

次に,表面粗さについて考察する.工具刃先には,工具の損傷を防ぐために丸みが付けられており,この工具刃先形状が加工面に転写されて,幾何学的な模様ができる.これが実際の表面粗さ,表面うねりとなって現れる.ここでは,工作機械の性能に依存する場合が多い表面うねりは除外し,図9に示す幾何学的な表面粗さに着目する.

R_z:理論仕上げ面粗さ(mm),f:送り速度(mm/rev),R:工具コーナ半径(mm)とすると,

$$R_z = f^2/8R \quad (2)$$

となる.

(2)式によれば,送り速度を小さくすれば理論仕上げ面粗さが限りなくゼロに近づくこととなる.しかし実際には,図10に示すように,送り速度を減少させていくと,送り速度が大きい範囲では,工具刃先形状と送り速度とで求められる理論値にほぼ沿って小さくなるが,ある限界を超えると仕上げ面粗さは改善されなくなり,ほぼ一定値に落ち着く.これを,その旋盤の限界仕上げ面粗さと考えられる.

すなわち,工具刃先形状と送り速度によって求められる仕上げ面粗さの理論成分の大きさと,その旋盤の振動などによって決まる内乱成分の大きさが,等しくなったときの送り速度で,その旋盤の精度上限が決められることになる.

図10に示した仕上げ面粗さ特性の折点より,送り速度の大きい領域では送り速度の大きさが,また折点より送り速度の小さい領域では内乱の振動の大きさが仕上げ面粗さを支配する主要因となる.

図にはA,Bの2種の旋盤例を示したが,両機の主軸回転精度や振動等の性能の差が限界仕上げ面粗さの差となって表われている.

このように,主軸の半径方向運動誤差は,軸方向断面曲線に大きな影響を及ぼしており,限界仕上げ面粗さを決定する大きな要因となっている.このことは,逆に限界仕上げ面粗さの大部分は,主軸の回転精度によって決まるといえる.

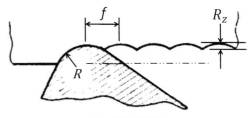

図9 理論表面粗さ

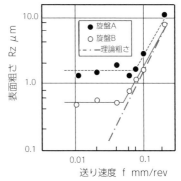

図10 旋削加工における最高表面粗さ[5]

4. 旋削加工と中ぐり加工の違い

旋盤における旋削加工では,工具(バイト)を固定し,工作物を回転させて加工するのが基本で,軸対称の工作物の加工を対象としている.これに対し,中ぐり盤やマシニングセンタによる中ぐり加工では,工作物をテーブル上に固定し,中ぐり棒(ボーリングバー)の回転によって穴加工を行なうことになり,いわゆる箱物形状の加工が対象となる.

この場合の中ぐり加工も,バイトによる旋削加工と基本的に同じであるが,ボーリングバーの特性と工具刃先の摩耗が,加工精度に顕著に影響することになる.加工形態による基本的差異を表1に,また回転中心の偏心による影響を図11に示す.図(a)の旋削の場合,主軸回転中心と工具刃先との水平距離rは一定で,ワークの取付け誤差により主軸中心とワーク中心間にeなる偏心量を持っていても,工作物には径Dの完全な円形断面が創成される.この場合の偏心による誤差

表1 旋削加工と中ぐり加工の差異[6]

	旋削加工	中ぐり加工
加工形態	工具固定・被削材回転	工具回転・被削材固定
回転物の偏心	影響なし	中ぐり穴径に影響
加工精度の評価	二次元的	三次元的
切削速度	高速	比較的低速
被削材種	炭素鋼 (39%)	鋳鉄 (30～50%) 炭素鋼 (18～26%)
熱変位	あまり影響しない	位置精度に直接影響
主軸回転精度		
1次ラジアルモーション	真円度誤差に影響しない	楕円誤差となる
2次ラジアルモーション	楕円誤差となる	3角形状となる
最大コンプライアンス	工作物	中ぐり棒

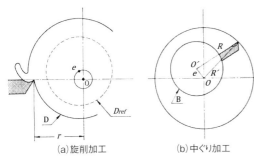

(a) 旋削加工　　(b) 中ぐり加工
図11　加工形態の違いと偏心の影響[6]

は，創成表面 D と前加工の基準表面 D_{ref} との偏心のみであり，これは削りしろの許容範囲と関係するもので，本質的な加工誤差とはならない．

これに対し (b) の中ぐり加工では，主軸中心 O と刃具取付け位置での中ぐり棒中心 O' との間に偏心 e を有していると，工具刃先の軌跡は点 O を中心に回転し正確な円を描くが，偏心を持っているために，工具刃先の軌跡の半径 R' は中ぐり棒 B の中心から測った場合の半径 R と異なってくる．

この差 ($R'-R$) は，中ぐり棒の自重によるたわみや切削力によるたわみ，さらにはATCによる主軸への工具装着精度などによるもので，その大きさは，工具の偏心方向に対する角位置によっても異なり，最大値は e に等しくなる．また，刃先のプリセット精度や工具摩耗によっても変化することになる．

従来の汎用中ぐり盤などにおける中ぐり加工では，中ぐり棒の偏心 e，プリセット精度や工具摩耗による R の変動は，作業者による工作機械上での穴径のマニュアル測定動作により，適宜 R の微調整を繰返すことによって，所定の寸法精度が維持されてきた．

このことは工作機械の精度とは無関係に，作業者の測定，補正の熟練度に依存する度合が大きいことになる．しかしながら，マシニングセンタの高度化とともに一連の動作が自動化されるにつれ，これら計測・補正の自動化の必要性が出てきたわけである．

5. 中ぐり加工における加工誤差

以上は純粋な幾何学的運動精度について述べたが，加工精度の評価についても，かなりの相違点が見られる．すなわち，箱形形状物の中ぐり加工精度を考える場合，単一の中ぐり穴の精度すなわち寸法精度，形状精度（真円度，円筒度，軸の直角度）と表面精度だけでなく，さらに中ぐり穴相互の位置精度が問題となる．図12は2個の中ぐり穴について二次元的に示したもので，それらの称呼軸間距離は L である．寸法精度に関しては，中ぐり穴Aに示されるように，寸法公差 $(-\delta_1, +\delta_2)$ の範囲内にあればよい．

この場合，形状精度のうち基準面に対する軸の直角度は満足されているので，最終的には基準点からの位置寸法公差 δL が問題となる．この対策としては，工作機械送り系に独立な基準スケール（リニアスケールなど）を設けてこの誤差量を検出し，この検出信号をフィードバックするクローズドループ方式によって位

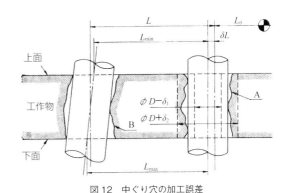

図12　中ぐり穴の加工誤差

表2 中ぐり加工精度と誤差要因[6]

要因＼加工精度	寸法精度	位置精度	形状精度	表面精度
幾何学的精度	●	●	●	●
熱的影響（内部熱源）	○	●	○	
荷重効果	○	●	○	
基礎		○		●
工具	●	●	●	●
強制振動	○	○	●	●
周囲環境	●	●	●	○

●直接影響するもの，○二次的に影響するもの

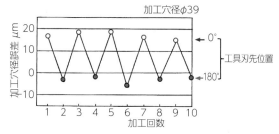

図13 工具装着による穴径のばらつき（東芝機械）

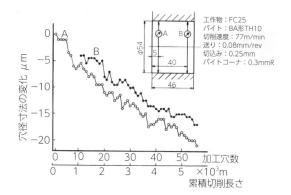

図14 加工穴数と穴径寸法の変化（東芝機械）

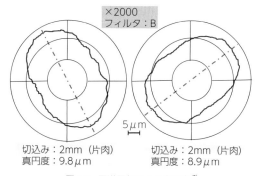

図15 正逆回転による真円度[7]

置精度を確保することができる．

しかし中ぐり穴Bの場合，軸の直角度が出ていないために，工作物上下面での中ぐり穴相互の位置寸法がそれぞれの L_{min}, L_{max} と異なり，補正制御手段を用いても制御が困難である．この中ぐり穴の軸の倒れは，主として工作機械要素の熱変形や，可動部分の質量移動による荷重効果などに起因するものである．

このほか表2に示す各種要因が中ぐり加工精度に影響を及ぼすことになる．

以下に，中ぐり棒（以下，ボーリングバーという）の偏心の影響，工具摩耗の影響，さらには工作機械の剛性の影響について述べる．

ボーリングバーを横形主軸テーパ部に装着する場合，主軸テーパとツールシャンクの位相によって偏心の方向が180°変化することになる．その結果，中ぐり穴径が図13に示すように大きく変化する．このため，主軸キー溝と刃先位置の位相は必ず一定としておく必要がある．

また，工具摩耗は不可避的に発生するもので，図14に示すように，中ぐり穴の加工穴数につれて漸次工具摩耗を生じ，中ぐり穴径が小さくなる．このため，定期的に中ぐり穴径を測定し，工具摩耗量に応じて工具刃先を繰出して，中ぐり加工穴径の精度管理がなされている．量産加工の自動化ラインにおいては，これら測定，工具刃先の補正が自動的に行なわれているケースもある．

中ぐり加工では，粗加工，中加工そして仕上げ加工と段階を経て加工されるのが一般的である．粗加工に

おいては，主軸周りの剛性が最も大きく影響し，仕上げ加工においては振動の影響が最も大きい．主軸周りの剛性，とくにその各方向における不均一性が，真円度に大きな影響を与えていることは，主軸を正転もしくは逆転して加工したときの真円度の楕円傾向において顕著に表われる．

図15は同一条件下で、主軸回転を正・逆転させて中ぐり加工したときの真円度のデータである。このように楕円の位相が変わるのは、工作機械コラム構造のX方向の剛性に比較して、Y方向の剛性が小さいことによるもので、正・逆転では切削力の方向が90°ずれていることに原因がある。

この例が示すように、機械の剛性は可能なかぎり高めることが望ましいが、各方向における剛性の均一化にも注意が必要である[7]。

6. びびり振動とその対策

切削加工の高能率化を目指し、金属除去量を増大させるために切込みを大きくすると、あるしきい値（安定限界）以上の切込みにおいて、びびり振動が発生し、仕上げ面性状の劣化や工具欠損などの問題が生じる。

ここでは最も簡単な例として、前に図6に示した2次元の突切り加工について、びびり振動（Regenerative Chatter）の発生機構とその対策例について説明する。

突切り加工では図16に示すように、前回切削時の工具・工作物間の相対振動により得られた凹凸のある加工面（アウタモジュレーション）の影響を受けることになる。いわゆる再生効果（Regenerative effect, 前歴効果とも呼ばれる）によって、今回の切削では位相差φだけ遅れ、前回の切込みの変動が今回の切削厚さの変動に影響することになり、新しい加工面（インナモジュレーション）が創成される。

すなわち、前回の切削時に残された起状を、今回の切削切れ刃がやや遅れて削ることで、周期的な切削厚さの変動が生じ、その変動に比例した切削力で工具が振動することにより、びびり振動が発生する。

切削力の変動が小さければ再生びびり振動は発生せず、また、切削位置での剛性が十分に高く切削力によって振動しなければ、再生びびり振動は生じない。そのほか、前回切削時に残された起状と、機械系の振動の位相が一致する場合には、周期的な切削力が発生しないため再生びびり振動は生じない。

そこで図16において、工作物1回転当りの送り量をu_0とすると、見かけの切込みu_0に対し時間tにおける真の切込み$u(t)$は、工具・工作物間の相対変位$x(t)$だけ少なく、工作物1回転前の相対変位$x(t-T)$だけ大きい、すなわち、

$$u(t) = u_0 - x(t) + \mu \cdot x(t-T) \quad (3)$$

ここで、μは前回の切削面と今回切削するときの切削面の重なり程度を示す重複係数（overlap factor）で、切削幅をb、工具の送り量をfとすると、μは次式で表わされ、

$$\mu = (b-f)/b \quad (4)$$

突切り加工では$\mu = 1$、一般の切削では$0 \leq \mu \leq 1$の値となる。Tは工作物1回転に要する時間である。

切削幅をbとすると、前出（1）式から切削力が切削断面積に比例するとして、

$$F(t) = k_c \cdot b \cdot u(t) \quad (5)$$

となる。切削力$F(t)$によって生じる変位$x(t)$は、工作機械系のコンプライアンスをG_Mとすると、

$$x(t) = F(t) \frac{G_M}{k_M} \quad (6)$$

で与えられる。

以上の諸式をラプラス変換して、

$$u(s) = u_0 - x(s) + \mu e^{-Ts} x(s) \quad (7)$$

$$F(s) = k_c \cdot b \cdot u(s) \quad (8)$$

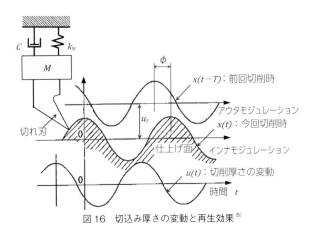

図16 切込み厚さの変動と再生効果[8]

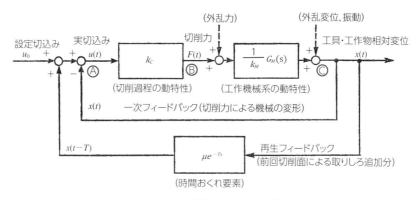

図17 切削系のブロック線図[9]

$$\frac{x(s)}{F(s)} = \frac{1}{k_M} G_M(s) \quad (9)$$

となり，再生効果の伝達関数は μe^{-Ts} で表わされる．

これらの関係をまとめると，図17に示す2つのフィードバックループをもつブロック線図で表わすことができる．このフィードバック回路の安定性を解析することが，びびり振動の特性を求める手段となる．

図17において，Ⓐ点で切込み $u(t)$ が与えられると切削系の動特性によって，Ⓑ点では相応の切削力 $F(t)$ が発生する．そして，この $F(t)$ によって工作機械構造は変形もしくは振動し，それがⒸ点において $x(t)$ となって表われる．

問題はこの $x(t)$ が，一次フィードバックループを通ってⒶ点にフィードバックされ，それによって実切込み $u(t)$ が変化し，そして振動を変化させることになる．

こうした変化が小さくなるような場合には，外乱があっても振動は抑制されるので，安定な切削ができるが，変化が大きく増幅される場合には振動が次第に大きくなり，いわゆるびびり振動が発生する．

もう一つのフィードバックループは，前出図16に示したように，1回転前の凹凸と今回の凹凸の間に位相差 φ があるとき，この位相遅れのために，刃先が被削材から遠ざかるときに作用する切削力の方が，近づくときに作用する切削力より大きくなり，振動1周期ごとに励振エネルギーが振動系に供給され，再生びびり振動が発生する[10]．

このように，切削力によって引き起こされた工具・工作物間の相対振動 $x(t)$ は，図17の回路が安定なときには短時間の後に消えてしまうが，逆に不安定であればさらに増大して回路が発振状態になる．つまり時間が経過するほど，機械のびびり振動が激しくなる．

このブロック線図の安定限界は，制御工学分野で知られているナイキスト判別法を適用することにより，求めることができる．すなわち，前述の諸式をラプラス変換し，設定切込み $u_0(s)$ を入力とし，実際の切込み $u(s)$ を出力と考えると次式が成り立つ．

$$\frac{u(s)}{u_0(s)} = \frac{1}{1+(1-\mu e^{-Ts})\frac{k_C}{k_M}G_M(s)} \quad (10)$$

この式の左辺は，切削厚さに関する出力と入力の振幅比（伝達関数）であり，左辺＜1の場合には安定で，左辺＞1の場合には不安定となり，安定限界は次式で与えられる．

$$\left|\frac{u(s)}{u_0(s)}\right| = 1 \quad (11)$$

閉ループ系の安定限界を示す特性方程式は（10）式の分母を0に等しくした式，すなわち，

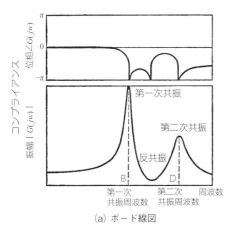
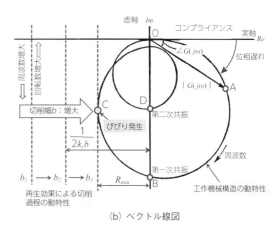

(a) ボード線図 (b) ベクトル線図

図18 切削過程と工作機械の動特性との関連（参考文献9の図に加筆）

$$1+(1-\mu e^{-Ts})\frac{k_c}{k_M}G_M(s)=0 \qquad (12)$$

であり，(12) 式を変形すると，

$$\frac{1}{k_M}G_M(s)=\frac{1}{k_c(\mu e^{-Ts}-1)} \qquad (13)$$

ここで，(13) 式の左辺は工具・工作物を含めた工作機械系の動剛性を表わし，右辺は切削過程の動特性を表わしており，これら2つの特性曲線が交わるか，または接するときに図17の閉回路が不安定になることを示している．

以上の関係式について，図18を用いて具体的に説明する．

図18 (a) は，動特性で説明した工作機械系の周波数応答曲線（ゲイン線図）と，同時に測定される位相線図（位相遅れ）を併記したもので，工作機械構造の動特性を表すボード線図である．これらのゲインと位相遅れから，図18 (b) のベクトル線図が導かれる．

コンプライアンスの振幅 $|G(j\omega)|$ をベクトルの長さに，また位相角 $\angle G(j\omega)$ を基準軸からの角度にとることによって，図 (b) に示すベクトル線図が描かれる．周波数の増大に伴い，第一次共振周波数で虚軸B点と交差し，さらに第二次共振周波数で再度D点で，虚軸と交わることになる．

一方，切削過程の動特性は，突切り切削（重複係数 $\mu=1$）の場合には虚軸に平行な直線で表され，切削幅 b を $b_1\to b_2\to b_3$ と増加させてベクトル軌跡とC点で接したときに始めてびびり振動発生の可能性が生じる．

図のベクトル軌跡から，C点での周波数は第一次共振周波数からわずかに高い周波数で，しかも切削条件（工作物の回転数と振動の周波数）によって，特性線上のC点と合致した場合にのみ振動が持続して，いわゆるびびり振動が生じる．

このように，いかなる回転数でも振動を発生しない条件，すなわち無条件安定限界がより重要で，この限界切削幅 b_{lim} は，工作機械の動コンプライアンスの実数部の負の最大値（最大負実部）を R_{min} として，次式で与えられる．

$$b_{lim}=\frac{1}{2k_c|R_{min}|} \qquad (14)$$

以上の結果から，工作物の材質や切削条件で決まる比切削抵抗 k_c が一定のとき，工作機械の動特性の最大負実部をできるだけ小さな値，すなわち工作機械のコンプライアンスが小さく（静剛性が高く），また減衰の大きいものほど，大きな切削幅で切削してもびびりを生じないことがわかる．

また，切削過程の特性線上でC点を上下どちらかにシフト，すなわち回転数を変化させることによって，びびり振動を抑制することが可能となる．

　実際の切削加工において，びびり振動が問題となるケースが多いのが中ぐり加工である．中ぐり加工においては寸法制約の関係から，ボーリングバーの長さ/直径比（L/D）が大きくならざるを得ず，そのため工具の剛性が低下して仕上面精度，耐びびり振動の点で問題となる．これは工作機械・工具系の静・動剛性の測定例にみられるように，ボーリンバーの剛性が総合剛性に大きく影響するためである．

　図19（a）に示した仕様のボーリングバーを用いて，切削中の振動振幅と仕上面粗さとの相関関係を示したのが図（b）である．図から，ボーリングバーのL/D，すなわち静・動剛性が加工精度やびびり振動の発生に大きく影響していることがわかる．

　このように，ボーリングバーは本質的に剛性が低く，びびり振動が問題となることが多いため，従来から剛性向上のためさまざま方策が講じられてきた．

　たとえば材質として超硬合金や高減衰合金鋼を採用したもの，ボーリングバーに切り欠きを入れてその断面を非対称とし，剛性に方向性を与えて，びびり振動に対する安定性を向上させたもの，ダイナミックダンパ，ランチェスタダンパ，インパクトダンパなど各種のダンパを組込んだものなどがある．

＜参考文献＞
1）森本喜隆ほか：旋削加工による三次元曲面の創製，日本機械学会論文集C編，79巻804号（2013），p.2939
2）日本工作機械工業会編：工作機械の設計学（基礎編），日本工作機械工業会（1998），p.43
3）竹内芳美，中本圭一：Excelで学ぶ生産加工ソフトウェアの基礎，日刊工業新聞社（2011），p.75
4）高田祥三，小尾誠ほか：旋削加工における加工精度の解析，精密工学会誌，40巻8号（1973），p.54
5）安井武司，加藤辰朗ほか：NC旋盤の動的試験法に関する研究（第2報）最高工作精度試験の指標，精密機械，51巻11号（1985），p.2109
6）J.Tlusty & F.Koenigsberger：Specifications and Tests of Metal Cutting Machine Tools，UMIST（1971）
7）森田精一郎；NC加工における高品質の確保，精密工学会誌，52巻4号（1986），p.600
8）星鐵太郎：機械加工びびり現象－解析と対策，工業調査会（1977），p.19
9）伊東誼，森脇俊道：工作機械工学，コロナ社（1989），p.178
10）丸井悦男：工作機械振動と加工モニタリングの現状と将来展望，計測と制御，42巻7号（2003），p.558
11）安井武司：機械加工における加工精度の向上，日本機械学会第11回講習会「機械加工の基礎技術」（1975），p.105

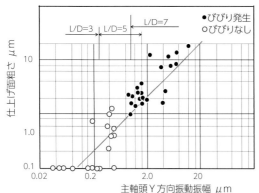

（a）ボーリングバーの固有振動数と静剛性

（b）中ぐり加工における振動振幅と仕上げ面粗さの相関

図19 中ぐり加工におけるびびり発生[11]

4 エンドミル加工と高速ミーリング

1. エンドミル加工の特徴

切削加工の基本形態は，旋削加工とフライス加工（milling）に大別され，旋削加工と異なり，回転する工具が工作物と相対的に直線または曲線運動をしながら切削を行なう（図1）もので，箱物形状部品の加工に適している．

フライス加工では，複数の切れ刃が切削に関与する断続切削という特徴があり，連続切削の旋削加工とは工具の摩耗特性や加工面性状に大きな差異となって表われる．

フライス加工で用いられる工具のなかでも，エンドミルは外周と端面に切れ刃を持ち，1本の工具で正面，側面，溝，曲面や穴などの加工が可能なため，NCフライス盤やマシニングセンタ（以下，MCという）の工具として各種部品加工に多用されている．

エンドミルを用いた側面加工では，図2に示すように，軸方向切込み A_d と半径方向切込み R_d の2種類の切込みが存在する．また，図3に示すように切削方式として工具の回転方向と工作物の送り方向が反対になる上向き削り（up-milling）と，両者が一致する下向

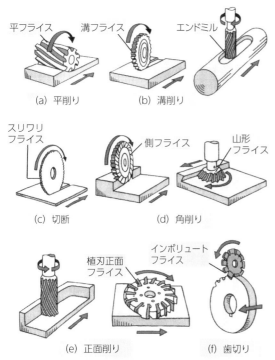

図1 フライス加工（日本工作機械工業会）

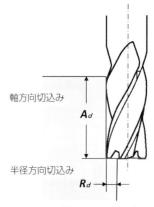

図2 エンドミル加工

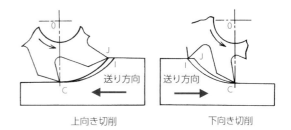

図3 エンドミル加工の特徴

き削り（down-milling）があり，切削力の変動と方向に大きな影響を与える．

図2に示すねじれ刃エンドミルを用いた側面加工の特徴として，(a)断続切削であること，(b)切りくず厚さが一定ではない非定常切削となることが挙げられる．また，上向き切削と下向き切削では，それぞれ次のような特徴がある[1]．

上向き切削では，①切りくず厚さの小さい点Cより切削を開始する．②C点近くで切れ刃にすべりが生じ，工具逃げ面の摩耗が増加する．③切りくずを切削の進行方向に飛ばして切りくずとその熱の影響を受ける．下向き切削では，①切りくず厚さの大きい点Iより切削を開始する．②C点近傍で切れ刃にすべりは起きにくく，工具逃げ面の摩耗は少ない．③切りくずを切削の進行方向と逆に飛ばして切りくずおよびその熱の影響を受けにくい．

しかし，それぞれ特徴②に関して，上向き切削ではバニシング効果で仕上げ面の粗さは小さく，下向き切削では切りくずをむしり取るようにして仕上げて工具寿命は長くなるが，仕上げ面粗さは大きい．これらの特徴より，荒と中仕上げ加工には，下向き切削，その後の仕上げ加工には上向き切削を用いることが，効果的な加工法として推奨される．

2. ねじれ刃エンドミルによる切削機構

図4は工具の半径R，ねじれ角ηのねじれ刃による側面加工における切削過程を説明したもので，上向き切削による場合である．この図では基本となる1枚刃による切削過程を，切削に関与する切れ刃部分（B'C'，BI，DI'，D'I''）と中心軸OO'のみを示し，その他は透視している．

切れ刃は工具の時計方向の回転によって点Cより切削を開始し，その後B'C'，BIと移動してLHで終了する．斜線部は各切れ刃による切削断面積である．切削断面積は増加，定常と減少と変化するが，加工面として残るCDの創成に関しては切れ刃がDI'の位置で終了している．

切削断面積A_eは1刃当たりの送りをf，半径方向の切込みをR_dとすると次式で与えられる．

$$A_e = \frac{R\,R_d\,f(\cos\theta_{min} - \cos\theta_{max})}{\sin\eta} \qquad (1)$$

ここで，θ_{min}とθ_{max}はOO'軸を中心とする切れ刃位置までの回転角の最小値と最大値である．

図5(a)は横軸に図4の点Cを切削する時刻からの切削断面積の変化を，上向き切削について計算した例である．なお，図中には工具の回転によって切れ刃が同時刻に創成している板厚位置（0～20mm）を併記している．切削断面積は基本的には増加，定常そして減少の変化をたどるが，板厚位置0mmは図4のC点，破線で示す20mmの位置は点Dに切れ刃が達した時刻と対応する．図より，どの半径方向切込みにおいても破線で示した時刻に加工面の創成を終了することになる．

一方，図5(b)は図(a)と同じ座標軸を用い，同条件による切削力を加工面に直角方向の分力により示したものである．図(a)の切削断面積の変化と比較すると，両者の変化はほぼよく一致しており，切削力が切削断面積に大きく影響を受けることが明らかである[2]．

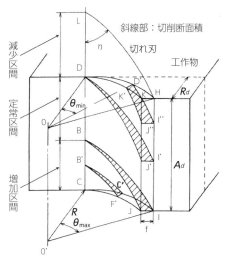

図4 ねじれ刃エンドミルの切削過程

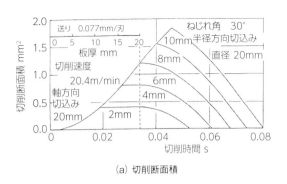
(a) 切削断面積

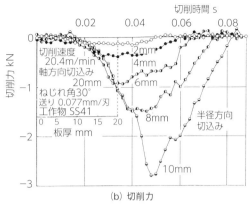
(b) 切削力

図5 切削断面積と切削力

3. エンドミル加工における加工誤差

(1) 切削力による加工誤差

図6は直径20mm，4枚刃，ねじれ角30°の工具を用いて下向き切削により側面加工を行ない，工具のほぼ1/2回転中における切削力[図(a)]，工具変位[図(b)]と加工誤差[図(c)]をそれぞれ加工面と直角方向の成分により比較している．

なお，図(a)と(b)は，図(c)に示す加工誤差の変化に及ぼす変化を横軸方向に示すために，切削時間と対応する切れ刃の創成する板厚位置が縦軸に示されている．図より，切削力の変化と工具先端近傍で測定した変位のようすはよく一致している．

下向き切削においては，切削力によって工具は工作物より遠ざかる方向に変位するため，削り残しによる正の加工誤差を生じる．また，加工面は下面より上面に向って仕上げられるが，切削力が極小値を示す位置

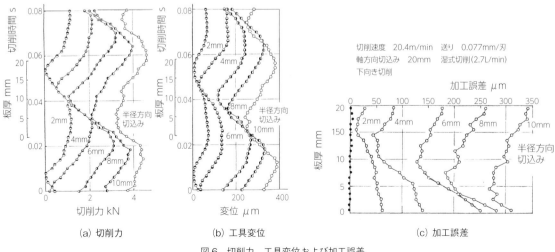

図6 切削力，工具変位および加工誤差

で工具は最も工作物に近づいて仕上げることになり，誤差は中くぼみ形状を生じる．そのような加工誤差の最小値を示す位置は切削条件によって変化し，図6にににおいては半径方向切込みの増加につれて板厚下面方向に移動している．

(2) 工具の偏心による影響

エンドミルを工作機械の主軸に取付ける際に，工具の中心軸を主軸に一致させることは非常に困難であり，通常は両者の心ずれに基づく偏心が避けられない．図7はそのモデルを示しており，工具の中心軸 Z_t，主軸 Z と偏心状態を示す4つの変数（e_u, e_b: 切れ刃の上端，下端における偏心量，ϕ_u, ϕ_b: ベクトル e_u, e_b の偏角）により定義している．これら4つの変数の同定方法と次に示す切れ刃の包絡面の計算方法については参考文献[3]に詳しい．

図8は通常の加工において決して大きくない $10\mu m$ ほどの偏心量であっても，そのような状態で取付けられた工具による側面切削を行なった場合の加工誤差の一例である．この図には切れ刃の回転によって創成される切れ刃の包絡面も示しているが，図中に示した4つの変数とねじれ角によって求められる包絡面は，破線（円筒面）で示した理想の面に一致せず，ビア樽形状を示している．その形状が加工面に転写され，半径方向の切込みと送りに仕上げ加工の条件 R_d =0.1mm, f =0.1mm/刃 を選択しても，送り方向には中くぼみ形状のまま仕上られることになる．

加工面の結果は2つのデータが示されているが，図に示した加工面の裏側も同様の加工を行なっており，向かい合うそれぞれの位置で結果を重ねたものである．また，実験値と包絡線との誤差の平均値 E と標準偏差 σ も示している．

なお，実験条件に用いた工具の切れ刃と軸方向切込み A_d に相当する板厚を約2倍にすれば，図8に示す切れ刃の包絡面は上方にふくらみ部と逆方向にくぼみ，外径の最大値と絶対値が同じ値に達した後に，ふくらみ始め，破線で示す円筒面まで達する．そのよう

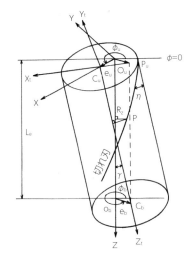

図7　工具偏心モデル

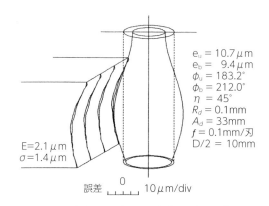

図8　偏心による切れ刃の包絡面と加工誤差

な状態で加工が行なわれると，加工面は正弦曲線状に仕上られることになる．また，板厚の長さと切れ刃の軸方向位置との相対関係から，傾斜方向の異なるテーパ形状や中央部が膨らんだ太鼓形状の加工面も創成されることになる．

(3) 工具逃げ面の粗さによる影響

エンドミルによる加工面形状は図9に示すように送り方向に円筒面をつなげたツールマークが残り，幾何学的には次式で理論粗さ R_{th} を計算することができる．

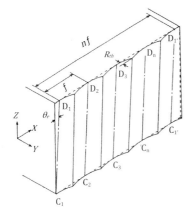

図9 側面加工による理想的な加工面

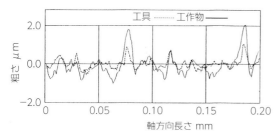

図10 仕上げ面におよぼす逃げ面の粗さの影響

$$R_{th} = f^2/8R \qquad (2)$$

(2) 式に R =10mm, f =0.1mm/刃 を代入すると, R_{th} =0.125μm となり十分な精度である. しかし, **図9** に示した加工面の粗さを板厚方向に測定すると, **図10** に示すように R_z =2.7μm と理論値の約20倍にも達している.

図には工具の逃げ面の粗さ曲線（破線）を反転させ, 実線で示した加工面の粗さ曲線と比較しているが, 切れ刃は45°のねじれ角を持っており, 前者の粗さ曲線は測定長さを $1/\sqrt{2}$ に圧縮させている. また, 両者を重ねるとともにスライドさせながら, 最小2乗法にて両粗さ曲線の誤差の最も小さい位置を探索している. 図より両粗さ曲線はほぼ一致しており, 加工面の粗さに及ぼす工具逃げ面の粗さの影響が明らかである[4].

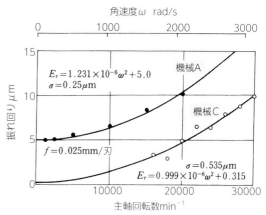

図11 主軸回転数による工具の振れ回り量

(4) 工具の振れ回りによる影響

図11 は X-Z 面と平行な面を, 仕上げ条件にて図中に示す各主軸回転数ごとに一定の長さだけ直線加工を行ない, 各面で過切削となった加工誤差を理想の加工面と比較することによって, それぞれの主軸回転数における工具の振れ回り量を推定している.

図においては, ころがり軸受主軸の機械Aと空気静圧軸受主軸の機械Cによる結果を示すとともに, 最小2乗法により回帰させた実験式とその標準偏差値と比較しているが, 機械Aと機械Cともに両者はよく一致している. また, 横軸に示す主軸回転数 N (min^{-1}) に対応する角速度 ω (rad/s) の2乗に比例して振れ回り量が増大することもわかる.

このことは, 角速度 ω の2乗に比例する遠心力の影響を大きく受けていることを示すもので, 機械Aでは N=1,250 min^{-1} の条件で取付け時の偏心に起因する振れ回りによる誤差5μm が2万 min^{-1} において2倍の10μm に増大している.

なお, 機械Cで値が小さくなっているが, 工具を取付ける際の偏心と総合的なアンバランスが小さかったものと推定される[5].

4. 高速・高精度加工への試み

これまでの結果より，比較的容易に実現できる高速・高精度加工法として，3つの方法が考えられ，つぎに説明する．

(1) 切削条件を均一化する方法

図12は一例としてコーナ部内面の加工において，切削断面積の急激な変化とその均一化対策の効果を示している．通常の工具経路を指令すると，破線で示すようにコーナ部の入口で切削断面積が急激に増加することは避けられない．そこで，次に述べる改善方法を提案できるが，工具と工具経路を通常加工法と比較するとつぎのようになる．

ⓐ 通常加工法
　工具径：直径20mm
　工具経路：X軸に平行な直線で点O_1までおよびO_1よりY軸に平行な直線
ⓑ 小径工具を用いる加工法
　工具径：直径17mm
　工具経路：X軸に平行な2点鎖線，点O_0を中心とする半径R_fの1/4円およびY軸に平行な2点鎖線
ⓒ ⓑにループ経路を加えた加工法
　工具径：直径17mm
　工具経路：ⓑと基本的に同じ工具経路であり，点O_0を中心とする半径R_fの円に最初に接した際に1度その円上を反時計方向に通過させ，その後に再びⓑの経路に戻る

ⓑの加工法によって最大切削断面積は通常加工法の約2/3に軽減する．また，点O_1を中心に半径R_fのループ経路を与えるⓒの加工法によって，最大切削断面積は通常加工の約1/3にまで低下する[6]．これらの改善効果は前出図6(c)に示した板厚方向の寸法誤差（平均値）と形状誤差（最大値と最小値の差）も大幅に減少させる．図12に示した条件による$\phi = 0$ deg.の位置で両誤差（寸法誤差，形状誤差；μm）を比較すると，ⓐの加工法における誤差（260,91）がⓑの加工法では（202,100）およびⓒの加工法では（80,47）にそれぞれ改善する．

これらの結果より，小径工具とループ経路による精度改善効果は明らかであるが，さらに高精度加工を実現するには，点O_0を中心に半径R_fの2度目のループ経路を指令すれば，より高精度な加工面を得ることが可能となる[7]．

一方，スクロール形状のように加工面の曲率半径が連続的に変化する場合，最大切削断面積を一定にする方法として，①送り速度を制御する，②半径方向の切込みを制御する，および③主軸回転数を制御する3種類の方法が考えられる．高速加工機を用いる場合には①および②の方法が現実的な選択となり，ともに加工精度の向上に有効であることが報告されている．

しかし，②の方法は新たな前加工面の定義を必要とすることが欠点となる[8]．

(2) 単一切れ刃による方法

写真1は本方法に用いた工具先端部の画像であり，直径10mm，2枚刃，ねじれ角30°の超硬ソリッドエンドミルをまず1枚刃とし，その後刃先部の2mmを残して削り落としている．この工具を主軸に取付けた後に主軸と直角方向に送ると，切削現象は正面フライ

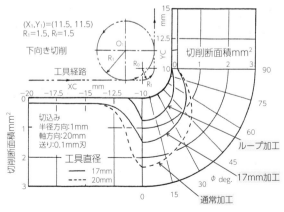

図12　ループ経路加工による改善

写真 1 単一切れ刃の先端形状

ス加工的になり，主軸に平行方向に送るとボーリング加工的となる．ともに薄壁形状の壁面を高精度に加工することが可能であり，前者では側面の形状誤差が 3 μm 以下に，後者では仕上げ面粗さが送り方向だけでなく軸方向においても最大高さが 1 μm の高精度加工を実現している[9]．しかし，この方法は通常加工に比べて工具経路が非常に長くなり，加工能率は大きく低下する．そのため，上記の加工法は最終の仕上げ加工工程に用いることが望ましい．

(3) 切れ刃の高精度化による方法

前出図 10 は工具逃げ面の粗さが転写された加工面を軸方向に測定した粗さ曲線で，この原因となる工具逃げ面を高精度に仕上ることによって，高精度な加工面を実現する方法である．

図 13 は 4 本の工具を用い，横軸に工具逃げ面の粗さ，縦軸にそれぞれの工具による加工面の粗さを示している．図から，工具逃げ面を高精度に仕上ることによって粗さ 1 μm 以下の高精度な加工面を実現できていることがわかる[4]．

なお，工具 A と B の結果に差はなく，ともにすくい面の仕上がり状態が市販工具 D と同じであることから，図 13 の結果が本方法の限界と考えられる．

5. 高速ミーリング

高速ミーリングとは，通常のエンドミル加工に比べて径方向と軸方向切込みを小さくし，加工能率の低下をカバーするため，主軸回転数を上げて 1 刃当りの送りを小さく，そして送り速度の高速化で対応した，いわゆる「浅切り込み，高送り」を前提とし，工具にかかる負荷を均一にする断続切削法である[10]．

この高速ミーリングが実現した背景には，① 1990 年代後半より金型加工を対象に主軸回転数 10,000 min^{-1} 以上の高速主軸 MC の開発，②高硬度材の高速切削に対応可能な超硬コーティング工具の開発，そして③切りくずの排除に効果的なスピンドルスルーによる高圧クーラントの実用化などが挙げられる．

高速ミーリング加工法の採用により，切削断面積が小さくなり，刃先の温度上昇と切削力が減少し，それまで切削加工が困難とされていた焼入れ鋼など難削材の切削加工が可能となった．また，切削熱の減少により切削が安定し，工具の長寿命化が進められると同時に，加工精度が向上した．

この結果，焼入れ鋼材などの高硬度材の金型加工では放電加工に大きく依存していたのが，高速ミーリングによる「直彫り加工」によって，加工法の工程削減，さらにはリードタイムの短縮が実現され，大幅な工程集約と磨きレス化が推進された．

高速ミーリング加工法をより活用するために，さまざまな加工法や支援機能が提案されてきた．

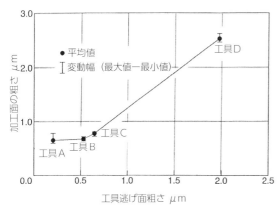

図 13 工具逃げ面の精度改善による効果

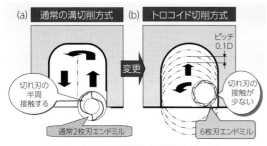

図14 トロコイド切削（三菱日立ツール）

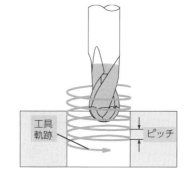

図15 ヘリカル切削による穴あけ（三菱マテリアル）

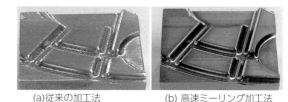

(a)従来の加工法　　　(b) 高速ミーリング加工法

写真2　高速ミーリングによる表面精度の改善[11]

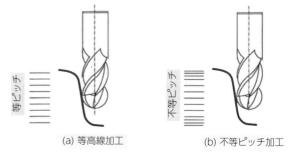

(a) 等高線加工　　　(b) 不等ピッチ加工

図16　急斜面の高品位加工のためのCAM[11]

図14はエンドミルによる溝加工の例である．(a)の従来加工法に対し，6枚刃エンドミルを高速回転させ，(b)に示すようにトロコイド軌跡を描きながら加工する方法で，各切れ刃と工作物の接触が少なく，かつ断続切削であるため切削熱が低く，切りくずの排出性もよいので安定した切削が可能である．

ヘリカル切削による難削材の穴あけ加工（図15）では，常に切れ刃の側面で切削し，切りくず排出性もよく，1本のエンドミルで任意の大きさの穴加工が可能である．

図14のトロコイド軌跡，図15のヘリカル軌跡のいずれも，NCの固定サイクルや簡易自動プログラミング機能を利用して容易に実行可能である．

写真2は高速ミーリングによる表面精度の改善例を示したもので，いずれもボールエンドミルを使用したが，従来の加工法に比べピッチを細かく取ることにより，平面部の面粗さを向上させている点と，CAMの改良により，平面部と立壁部の間にあるエッジ部の面粗さを向上させた点がポイントである．

高品位化にあたって実施したCAMの改良点は，等高線加工ソフトの改良（図16）である．従来ソフトでは，一律な刻み設定しかできず，肩R部や底R部などでは，カスプ高さ（表面粗さ）が大きくなるという問題点があった．肩R部や底R部近傍で刻みを自動的に細かく取ることができるようにソフトを改良し，立壁を多く持つ型部品への効率的で，かつ高品位な加工が可能となった．

このようにこれまで放電加工に依存していた難削材の加工が，超硬ボールエンドミルで容易に加工できるようになり，高速ミーリングの領域が拡大している．

図17に，安定して切削できる加工条件の指標である刃具突出し長さLと，工具径Dの比L/Dを縦軸に，横軸に被削材の硬度をとり，切削加工と放電加工の棲み分け状態を示す．

金型製作期間の短縮や金型加工コストの低減を考えれば，今後ますます高速ミーリングの領域が拡大していくのは必然であるが，現実には工具のたわみや，び

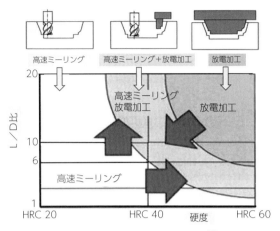

図17 高速ミーリングと放電加工[11]

びり振動の発生などの問題解決が必要であり，すべての金型形状を切削加工することは不可能である．今後，工具材質や設計の改良，焼嵌めホルダなどのツーリングシステムの開発，5軸制御工作機械の有効利用，さらにはCAD/CAMによる工具軌跡と切削条件の最適化などにより，より効率的な高速ミーリングが実用化されていくことを期待したい．

<参考文献>
1) 機械工学便覧 デザイン編β3「加工学・加工機器」，日本機械学会 (2006)，p.150
2) 岩部洋育:エンドミルによる加工精度に関する基本的問題と高速・高精度加工法ついて，日本機械学会論文集(C編)，66巻645号 (2000)，p.1417
3) 岩部洋育，三星宏:ねじれ刃エンドミルの偏心 が加工精度に及ぼす影響，精密工学会誌，61巻6号 (1995)，p.834
4) 岩部洋育，大瀬戸隆之ほか:工具逃げ面の高精度化による仕上げ面の改善，日本機械学会論文集 (C編)，68巻666号 (2002)，p.650
5) 岩部洋育，竹本和博ほか:エンドミルによる高速加工に関する研究 (輪郭加工による加工精度と誤差要因)，日本機械学会論文集 (C編)，63巻612号 (1997)，p.2878
6) 岩部洋育，藤井義也ほか:エンドミルによるコーナ部加工に関する研究－コーナ部における切削機構の解析と新しい加工法－，精密工学会誌，55巻5号 (1989)，p.841
7) 岩部洋育，藤井義也:エンドミルによるコーナ部加工に関する研究 (第2報) －切削力の加工精度に及ぼす影響と精度改善について－，精密工学会誌，57巻11号 (1991)，p.1995
8) 岩部洋育，島田智晴:エンドミルによるスクロール形状部品の高精度・高能率加工法に関する研究 (第1報，最大切削面積と仕上げ面粗さに基づく高精度・高能率加工の提案)，日本機械学会論文集 (C編)，61巻583号 (1995)，p.1184
9) 岩部洋育，飯田茂雄:エンンドミルによる高速加工における加工精度に関する研究，先端加工学会誌，23巻1号 (2005)，p.70
10) 安齋正博:エンドミル加工の基礎と課題／高速ミーリングによる形状加工，精密工学会誌，77巻8号 (2011)，p.723
11) 芦田康治，鬼頭秀仁:自動車部品の金型づくりにおける高精度・高品位加工，デンソーテクニカルレビュー，6巻2号 (2001)，p.53

5 切削工具の選定と最新技術動向

1. 切削工具の役割

切削加工は，工具と被削材の相対運動により，被削材を所定の形状に加工して，不要な部分を切りくずとして排出する除去加工である．産業革命の際に近代的な切削工具が登場し，1926年に超硬合金が発明され，飛躍的に切削加工が発展した[1]．

現在では航空機部品や自動車部品などの大物部品加工からハードディスクや時計などの小さな精密部品の加工，あるいは金型の加工などに数多くの切削工具が製品化され，各種産業の根幹を支える重要な要素技術となっている．また，削る材料も一般的な鋼の加工から最近では炭素繊維強化樹脂（CFRP）や耐熱合金，さらには超硬合金の加工など多様化している．

ここでは，切削工具に用いられる工具材料や各種工具の選択のポイントと，住友電工ハードメタルにおける最新技術について解説する．

2. 工具材料とその選択

金属の切削加工では，削るものである被削材を，それよりも硬い材料の工具で加工するため，一般に加工する材料の3倍以上の硬さが工具に必要であるといわれている．金属材料の切削加工中の工具刃先は，高速で被削材や切りくずと接触しながら被削材を切り裂いていくため，図1に示すように高温，高圧となっており，切削条件によっては2GPaを超える応力と1000℃を超える温度となる場合もある[2]．

切削工具は，このような過酷な環境に耐えられる材料を使用している．一般に切削工具に求められる材料特性として，この過酷な環境のなかで摩耗を抑えるための硬度，高い応力に耐えられる靱性，さらには高温に耐えられ，化学的にも安定であることが求められる．

しかしながら，このような環境下で，切削工具には図2に示すように，切りくずや被削材が高速，高温で

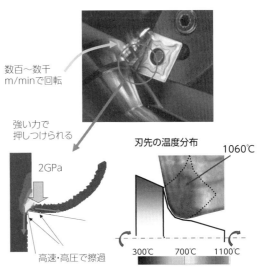

図1　加工中の刃先の環境

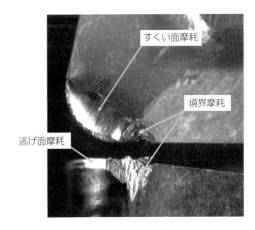

図2　工具の摩耗

5　切削工具の選定と最新技術動向　49

擦過することによる，すくい面摩耗（クレータ摩耗）や逃げ面摩耗（フランク摩耗）が発生するだけでなく，切削部分の境界には境界摩耗が発生する[1]．

とくに加工能率を向上させるには，より速く加工することが求められ，摩擦熱により刃先の温度が上昇することで拡散摩耗を中心に急速に摩耗が進行する（図3）[3]．切削工具材料の歴史はこの温度に耐えられる材料開発の歴史であり，現在では高速度工具鋼（ハイス），超硬，コーテッド超硬，サーメット，セラミックス，cBN（立方晶窒化硼素）などが工具材料として用いられている．

ダイヤモンドは，地球上で最も硬い材料であるが，炭素で構成されているため熱に弱く，鉄系材料と反応しやすい欠点があり，アルミの加工や超精密加工など用途が限定されている．

表1に工具に用いられている主な原料の特性を示す．現在，主流となっている工具材料の多くは硬質粒子を金属などの結合材で固めた複合材料となっている．たとえば，炭化タングステン（WC）粒子をコバルト（Co）で固めたものが超硬合金，炭化チタン（TiC）などのチタン系化合物の粒子をニッケル（Ni）などの金属で固めたものがサーメット，立方晶窒化ホウ素（cBN: cubic boron nitride）粒子をチタン系加工物やコバルト系加工物などで固めた材料がcBN焼結体である．

図4はこれら工具材料の耐摩耗性と靭性の関係を示したものであるが，耐摩耗性の高い材料は靭性に劣るというトレードオフの関係にあるのがわかる．そこで，このトレードオフの関係を打ち破るために開発されたのがコーテッド工具であり，とくにコーテッド超硬工具は，現在，最も広く使用されている工具材料の一つとなっている．

そこで，次に各種工具材料を用いた工具の特徴との用途について解説する．

(1) 超硬工具

写真1に超硬合金の組織写真を示す．超硬合金は炭

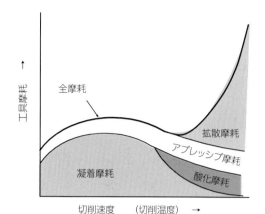

図3　工具の摩耗と切削速度の関係

表1　工具に用いられる材料の特性

		融点(℃)	ビッカース硬度(GPa)	引張強度(MPa)
硬質材料	炭化タングステン（WC）	2700	24	350
	炭化チタン（TiC）	3200	30	65
	窒化チタン（TiN）	2900	21	30
金属材料	コバルト（Co）	1495	1.4	250
	ニッケル（Ni）	1453	0.65	320
超高圧材料	cBN（立方晶窒化硼素）	2970	47〜60	—
	ダイヤモンド	3700	80〜100	—

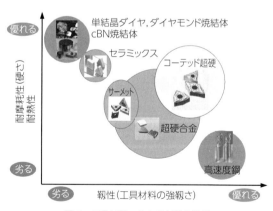

図4　工具に用いられる材料の特性

化タングステン（WC）粒子とコバルト（Co）を主原料に，タンタル（Ta）などの微量の元素を添加して焼結することで製作される．1926年にドイツで発明されて以来，その基本構造は変わっていない．超硬合

写真1 超硬工具と超硬合金の組織

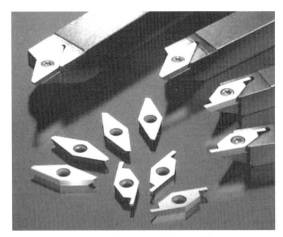

写真2 時計部品加工用精密刃先交換工具

金はWCの含有率を高くすることで硬度を上げて耐摩耗性を向上させたり，逆にCoの含有率を上げることで耐欠損性を向上させたり，幅広くその特性を制御することが可能である．

また最近では，結合材であるCoをほとんど含まないバインダレス超硬合金も実用化され，時計部品などの精密加工用工具として実用化されている（**写真2**）．

現在では，超硬合金は超硬単体で使用されるよりもコーテッド超硬として使用される場合が多い．超硬工具として使用されるのはアルミ部品の加工や，比較的低速で加工される精密加工用工具，ロー付けバイトやプリント基板の穴あけ用ドリルに限定される．精密加工用工具では，後述するコーティングを施すと膜厚分だけ刃先が丸まり切れ味が低下するため，超硬工具が用いられる場合もある．

(2) CVD, PVDコーテッド超硬工具

コーテッド超硬は，超硬合金の表面に硬度や耐熱性の高いセラミックスをコーティングすることで，靱性と耐摩耗性，耐熱性を両立させた工具であり，現在，最も広く使用されている工具材料である．

コーテッド超硬には，超硬の表面に化学反応によりセラミックスを析出させてコーティングするCVDコートと，物理的にイオンやプラズマを用いて超硬の表面にセラミックスを積層するPVDコートがある．

表2は，それぞれのコーティングの特徴を示したものである．

CVDコートは耐摩耗性にすぐれ，耐熱性にもすぐれるアルミナ（Al_2O_3）を超硬合金の表面にコーティングできることが特徴である．

図5に一般的なCVDコーティングの断面図を示す．一般にCVDコートの場合は，炭窒化チタン（TiCN）の上にアルミナ（Al_2O_3）をコーティングした構造となっており，これらのコーティング膜の膜厚や結晶構造を制御することで，鋼・汎用や鋳鉄用，ステンレス鋼用など幅広く対応することが可能である．

図6はステンレス鋼用，鋼・汎用，鋳物加工用のコーティングの違いを例示している．ステンレス鋼加工用は，溶着剥離を防ぐために薄めのコーティング，逆に鋳物加工用はアブレッシブ摩耗に耐えるために厚いコーティング膜となっている．また，最近のCVDコートは，コーティング後にコーティング膜に磨き処理などの表面処理を施すことが多くなっている．

一方で，CVDコートはコーティング中の超硬とコー

表2 CVDコートとPVDコートの特徴

	CVD法（化学蒸着法）	PVD法（物理蒸着法）
原理	ガスの反応により化学的にコーティングする．	電子ビームやアーク放電などにより金属を蒸発・イオン化させコーティングする．
コーティング膜質	TiC, TiN, TiCN, Al_2O_3	TiC, TiN, TiCN, TiAlN, CrN 他
コーティング温度	1073〜1273K	673〜873K
母材	超硬合金	超硬合金，サーメット，cBN
残留応力	引張り応力	圧縮応力
密着強度	優れる	CVDより劣る→向上
注意点	強度が大幅に低下する	穴の内面コーティングは困難
主な適用工具	一般，汎用の刃先交換式旋削工具 耐摩耗性必要な転削用刃先交換工具 （刃先処理をつけること必須）	刃先のシャープさが必要な 精密加工用刃先交換工具，ソリッドエンドミル 刃先の強度が必要な 転削用刃先交換工具，ソリッドドリル

転削：カッタ，エンドミル，ドリルなどの工具を回転させながら行なう切削作業

ティング材料の熱膨張率の違いから工具に引張りの残留応力が残り，基材の超硬合金に対して著しく強度が低下する欠点がある．

このため，刃先がシャープな工具へのコーティングには不向きで，ある程度の刃先処理がついた一般的な金属材料の汎用的旋削加工や鋳物加工，ステンレス鋼加工用の刃先交換式工具に用いられている．

PVDコートはTiCやTiCNなどをコーティングする技術から工具への適用が始まり（**図7**），現在はTiAlN，TiSiN，CrNなどさまざまな材料をコーティングすることが可能となっている．

PVDコートはコーティングする材料の細かな制御が可能で，多層コートとしたり，耐熱性や硬度を重視したり，潤滑性を重視したりと用途に合わせた最適化が可能で，多くの種類のコーティングが実用化されている．

図8はPVDコートの一例であるが，数nmオーダーのTiAlNとTiCrNを超多層コートすることにより，耐熱性と硬度を両立している．PVDコートはCVDと異なり，物理的にコーティングするために工具には圧縮の残留応力が残り，基材よりも強度が高くなる．このため，刃先がシャープなソリッドエンドミルや精密旋削用工具，強度が必要なソリッドドリルや旋削加工用工具などに適用されている．現時点ではPVDコー

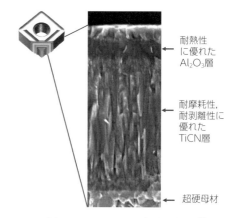

図5　CVDコーテッド超硬工具の組織

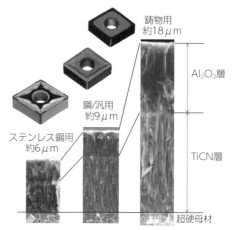

図6　用途別コーティングの違い

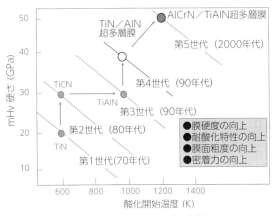

図7 PVDコーティングの変遷

の需要が増大している．CFRPは，樹脂中の炭素繊維の硬度が高く，工具が摩耗しやすい．工具が摩耗すると切れ味が低下して炭素繊維が破断できずバリとなったり，繊維の層間が剥離するデラミネーションが発生する（図10）．

このため，CFRP加工では短寿命でもノンコートの超硬工具を用いるか，長寿命化のためにダイヤモンドコート工具やPCD工具が適用されている．DLCコートでは耐摩耗性が不足のため，CFRPの加工には一般的には適さない．また，最近では超硬合金の加工にもダイヤモンドコート工具が適用され始めている．

(a) PVDコーテッド超硬によるフライス加工　　(b) コーティングTEM写真

図8 最新のPVDコーティングの例

トは鋼加工での耐摩耗性においてCVDコートに劣っているが，PVDコート技術の進歩によりその適用範囲が拡大している．

(3) DLC, ダイヤモンドコーテッド工具

近ごろDLC（Diamond Like Carbon）コートやダイヤモンドコートもアルミ部品や樹脂加工工具に広く適用されている．DLCコートはダイヤモンドやグラファイトと異なり，アモルファス構造をしており，潤滑性にすぐれており，溶着が問題となるアルミ部品の加工に適用されている（**図9**）．ダイヤモンドコートは，気層合成によりダイヤモンドを超硬の表面に成長させた工具材料である（**写真3**）．

近ごろ，炭素繊維強化樹脂（CFRP）が航空機の胴体，翼，構造材などに使用され，ダイヤモンドコート工具

(a) DLCコートドリル，エンドミル

(b) DLCコートミリング加工用インサート

図9 DLCコート工具と構造

(a) ダイヤモンドコートドリル，エンドミル

(b) ダイヤモンドコートの表面

写真3 ダイヤモンドコート工具

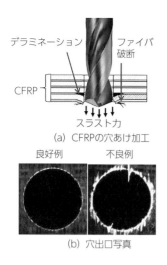

図10 炭素繊維強化樹脂の加工

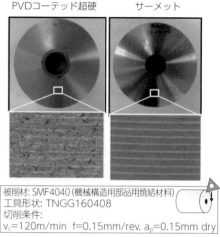

図11 サーメットによる鋼加工の加工面

(4) サーメット工具

サーメットは，超硬とセラミックスの中間的材料で炭化チタン（TiC）や炭窒化チタン（TiCN）などの硬質材料をニッケル（Ni）などの金属結合材で焼結した材料である．その語源は，Ceramic と Metal を組み合わせた造語 Cermet である．サーメットは硬さでは超硬と比較して高くはないが，鉄系材料と反応しにくいことから，超硬合金に対して熱的摩耗が低減でき高速加工が可能なことと，**図11** に示すように美しい仕上げ面が得られることが特徴である．ただし，靱性は一般的な超硬よりも劣るため，主に仕上げ加工用途に用いられる．

(5) セラミックス工具

セラミックス工具はアルミナ（Al_2O_3）や炭化チタン（TiC），窒化ケイ素（Si_3N_4）などをイットリウム（Y_2O_3），ジルコニア（ZrO_2）などの酸化物で結合させた工具である（**表3**）．アルミナ系のセラミックス工具は，主に鋳鉄や焼入れ鋼の加工に，窒化ケイ素系セラミックス工具は鋳鉄の粗加工に用いられる．また，アルミナ中に炭化ケイ素（SiC）のウイスカを配合したウイスカー強化アルミナセラミックス工具は，耐熱合金の加工に用いられている．また，近年ではサイアロン（SiAlON）セラミックス工具が，インコネルなどの耐熱合金の高速加工に用いられている．

(6) cBN工具

cBN（立方晶窒化硼素，cubic Boron Nitride）はダイヤモンドが熱に弱いという欠点を補うために，周期率表で炭素（C）の両側にある硼素（B）と窒素（N）からなる窒化硼素（BN）を，ダイヤモンドと同じ立方晶で人工的に合成した材料で，ダイヤモンドに次ぐ硬さを持っている．

一般に工具に用いられる cBN は，**写真4** のように cBN 粒子を Co や Ti 系加工物，WC などを結合材に，超高圧下で合成させた材料であり，正確には多結晶 cBN 焼結体であるが，一般的に工具の世界ではこの多結晶 cBN 焼結体を cBN と称しているので，ここでもこの多結晶 cBN 焼結体の工具を cBN 工具と称することにする．cBN 工具は超高圧下で合成され，高価なため，刃先だけにロー付けして使用される．

cBN 工具はその硬さから，焼入れ鋼や鋳物の高速加工に用いられている．**図12** のように一般に焼入れ

表3 セラミックス工具の使い分け

	純Al₂O₃ (白セラ)	Al₂O₃ – TiC (黒セラ)	Al₂O₃ – Z,O₂	Al₂O₃ – SiC (W)	Si₃N₄
硬さ Hv(GPa)	17.6～18.6	18.6～19.6	15.7～16.7	19.6～20.6	15.2～16.2
抵抗力 (GPa)	0.59～0.69	0.78～0.88	0.59～0.69	0.88～0.98	0.98～1.47
破壊靱性値 (MN/m^(3/2))	3.0～4.0	3.5～4.5	4.0～5.0	5.0～6.0	6.0～7.0
熱膨張率 (×10⁻⁶/℃)	7.0～8.0	7.0～8.0	7.0～8.0	6.0～8.0	3.0～3.5
熱伝導率 (W/m・℃)	0.17	0.17	0.17	0.17～0.21	0.17～0.21
用途	鋳鉄，高硬度鋼の仕上げ旋削			耐熱合金旋削	鋳鉄の粗切削

写真4 cBN工具と組織画像

鋼の加工には，cBN含有率の低いcBN工具を，鋳物の加工にはcBN含有率の高いcBN工具が使用される．

また，近ごろ，cBNにPVDコートを施したコーテッドcBN工具が普及してきた．cBNは硬度は高いが，耐熱性は必ずしも高くはない．そこで，このcBNの耐熱性を補完したり，境界摩耗の防止による寿命向上を目的に，cBNにもコーティングが施されるようになっている（**写真5**）．今後は，超硬と同様にcBNの世界でもコーテッドcBNが主流になると考えられる．

(7) ダイヤモンド工具

工具に用いるダイヤモンドには，2種類あり，一つは前述のcBNと同様にダイヤモンドの粒子をコバルト中で焼結させる多結晶ダイヤモンド（PCD, Poly Crystalline Diamond）と，単結晶ダイヤモンドである．

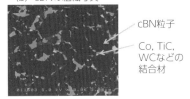

図12 cBN組織，特徴と用途

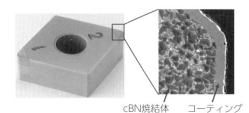

写真5 コーテッドcBN工具

写真6 PCD工具によるアルミ合金の加工例

一般に多結晶ダイヤモンド工具はPCD工具と呼ばれており，主にアルミ合金の高能率加工に用いられている（**写真6**）．

PCD工具を用いることにより，アルミ合金を切削速度3000m/minを超える高速で加工することが可能となり，自動車のアルミ製エンジンブロックなどの加工に使われている．また，旋削加工ではアルミ合金の仕上げ加工に使用されているが，PCD工具でアルミ合金を仕上げ加工した場合には，伸びた切りくずがアルミのワークを傷つけることも多かった．しかし，最近では**写真7**のようなチップブレーカ付きPCD工具も実用化されており，仕上げ加工により適用しやすくなっている．

一方，単結晶ダイヤモンドは非常に硬度が高く，鋭利な刃先をつくることができるため，レンズ金型などサブミクロン単位の高精度な加工や，前述のアルミ加工用カッタの仕上げ用ワイパとして使用される（**写真8**）．

近ごろ，新しいダイヤモンドとしてバインダレス多結晶ダイヤモンド（BL-PCD）と呼ばれるダイヤモンド材料が実用化された．**写真9**にこれまでのPCDとの組織の違いを示すが，BL-PCDは，ナノ多結晶ダイヤモンドとも呼ばれ，粒径30～50nmの超微粒ダイヤモンド粒子を結合材なしで直接接合させた材料である．

硬度は単結晶ダイヤモンドよりも硬く，従来PCDと比較して刃立性にもすぐれている．さらに，単結晶ダイヤモンドは，ある方向には割れやすい劈開性を持っており，方向によって硬度が異なる異方性を示す

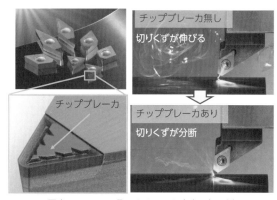

写真7 PCD工具によるアルミ合金の加工例

写真8 単結晶ダイヤモンドによるアルミ合金の鏡面加工例

のに対し，BL-PCDは劈開性や異方性がなく，どの方向に対しても硬度と強度にすぐれている．

BL-PCDは，これらの特徴を活かして，これまで精密切削加工が困難であった超硬合金やセラミックスなどの高硬度材や硬脆材料の精密加工に適用されよう

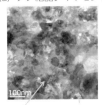
(a) ナノ結晶ダイヤモンド
ダイヤモンド粒子
(30～50nm) バインダなし

(b) 従来のPCD
ダイヤモンド粒子 結合材*(Co)
(1-10μm)
*写真はエッチングにより
Coの抜けた穴を表示

写真9 ナノ多結晶ダイヤモンドの組織

BL-PCDボールエンドミル

超硬合金加工事例
(91.4HRA)

被削材 : 超硬合金 住友電工製A1（超微粒合金）
仕上げ工具 : BL-PCD R0.5ボールエンドミル
仕上げ加工時間 : 38分
仕上げ条件 : n=40,000min⁻¹, Vf=800mm/min
 仕上げしろ=0.005mm, wet, 加工距離=29.3m
面粗さ : Ra0.015μm

写真10 超硬合金の加工例

としている．写真10はBL-PCDのエンドミルにより，超硬合金製金型の仕上げ加工を想定した加工事例であるが，短時間で良好な仕上げ面が得られ，複雑な形状も加工可能となる．これまでの放電加工や研削加工と比較して，超硬金型加工の新機軸となることが期待される．

(8) 被削材，用途別の切削工具材料

工具材料を機軸にその用途を解説してきたが，各被削材別に用いられる工具材料を表4にまとめて示す．一般的な鋼系の被削材の加工にはコーテッド超硬工具が適しており，それぞれ用途や工具の種類により，CVD，PVDコーテッド超硬工具が使い分けられる．ステンレス鋼やチタン合金の加工にコーテッド超硬を用いる場合は，工具材料の選択だけでなく，チップブレーカや工具形状の選択が重要で，これらの材料ではチップブレーカや工具形状により工具寿命が大きく異なってくる．

cBNによる焼入れ鋼の旋削加工においては，cBN材種の選択だけでなく刃先処理の選択も重要である．刃先処理を大きくすれば，強度は高くなるが切れ味が低下し，小さくすればその逆となる．cBNによる焼入れ鋼の加工ではとくに重要なため，最近では同じ

表4 被削材別の工具材質選択例

	被削材	工具材料	適用分野	課題
鉄系金属	炭素鋼，合金鋼	旋削：CVD，PVD，サーメット 転削：PVD	自動車部品，一般部品	高能率加工，高精度加工，環境対応
	焼入れ鋼 金形鋼	旋削：cBN 転削：PVD，cBN	シャフト，ギヤ部品 金型	研削加工からの置き換え 工具の長寿命化
	鋳鉄	旋削：CVD，PVD，セラミックス 転削：PVD，cBN	大型エンジン，大型部品	FCD，FCVなど難削化への対応
	焼結合金	サーメット，cBN，PVD	自動車部品，ギヤ部品	工具の長寿命化
	ステンレス	旋削：CVD，PVD，サーメット 転削：PVD，cBN	自動車部品，精密部品，石油掘削装置	耐溶着性向上，びびり防止
非鉄金属	アルミ合金	PDC，DLCコート，ダイヤコート	自動車用エンジン，ミッション部品，航空機	さらなる高速加工への対応
	チタン合金	超硬，ハイス	航空機部品	工具の長寿命化，高能率加工
	インコネル，Ni基合金	PVD，cBN，SIAIONセラミックス	航空機部品	工具の長寿命化，高能率加工
	銅	DLCコート，CrNコート	金型用電極	加工面品位の向上
	超硬合金	PCD，SCD，ダイヤコート，BL-PCD	精密金型	研削，放電加工から切削への転換
非金属	CFRP（炭素繊維強化プラスチック）	ダイヤコート，PCD	航空機ボディ，翼，自転車部品，構造部材	工具の長寿命化，バリ，デラミの抑制
	セラミックス，ガラス	SCD，BL-PCD	半導体装置，スマートフォン	研削加工からの転換

PCD：多結晶（焼結）ダイヤモンド，SCD：単結晶ダイヤモンド，DLCコート：非晶質炭素膜

cBN材種でも刃先処理の異なる工具も発売されており，うまく活用していきたい．

3. ソリッドエンドミルと刃先交換式エンドミルの選択

エンドミルやドリルなどの切削工具では，刃先交換式と超硬，もしくはハイス（高速度鋼）一体もののソリッド工具がある．図13は汎用的な刃先交換式エンドミルと超硬ソリッドエンドミルの仕様の違いを示したものである．

一般的に刃先交換式エンドミルは，刃先のみを交換でき2コーナ以上使用できるため，ランニングコストは安くなるが，軸方向のすくい角を大きくとることが，むずかしく切れ味が劣り，刃振れ精度はソリッドエンドミルに劣る．

一方ソリッドエンドミルは，ランニングコストは高くなるが高精度で多刃化が可能で，1 mm以下の小径エンドミルも一般に使用されている．また，刃長も長くとれるため，軸方向の切込みを大きくできる．

近ごろはソリッドエンドミルでより高能率加工ができる防振エンドミルが普及し始めている（図14）．これまで，エンドミルで溝加工や高速加工を行なうと，

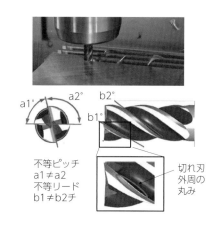

図14 防振エンドミルによる高能率加工

びびり振動が発生してエンドミルが折損したり，精度が出ない問題があった．防振エンドミルは，不等ピッチ，不等リードの切れ刃により周期的な切削抵抗の変動を抑制することで，びびり振動を低減したり，切れ刃外周に丸みを持たせることにより，切れ刃が被削材に食い込むことで発生するびびり振動を抑制する．ただし，防振エンドミルで溝加工を行なう場合，切削力により溝に倒れが発生するので注意が必要である．

4. ドリルの選択

一般的なソリッドドリルによる鋼の穴あけ加工における切削速度と寿命の概念を図15に示す．ドリルの場合は寿命が最も長くなる領域があり，それより高速域では刃先温度が上昇して熱的摩耗により寿命が短くなる．一方で低速域では切りくずの温度も低くなるため，切りくずが硬くなり，すくい面が摩耗して寿命が短くなる．このため，ドリル加工では切削速度を推奨条件内として，可能な限り送り速度をあげて加工する方が工具寿命は長くなる．

また，内部給油と外部給油を比較した場合，低速域では外部給油の方が寿命は長くなる傾向にある．これは低速では切削温度が上らないため切りくずの温度が低く，切りくずが硬く作用するのに加えて，内部給油

	刃先交換式エンドミル	ソリッドエンドミル
工具形態		
コスト	安い	高い
切れ味 (軸方向すくい角)	低い (6～10°)	高い (30°)
精度 (外周刃振れ)	低い (30μm)	高い (5μm)
工具径 (最小径)	大径向き φ10mm以上	小径向き φ1mm以下

図13 刃先交換式エンドミルとソリッドエンドミル

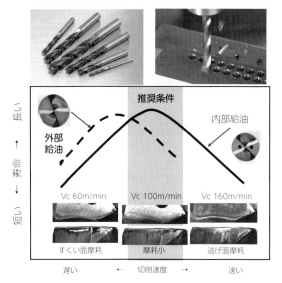

図15 鋼加工でのドリルの寿命の変化

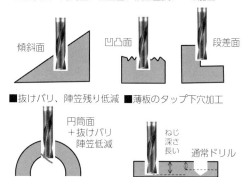

図16 フラットドリルとその用途

では切削油剤によりさらに切りくずが冷却されて硬くなり，すくい面摩耗が増大するためである．

したがってドリルを選択する場合は，低速域で浅穴を加工する場合は安価な油穴なしのドリルを，高速域で加工する場合や，深穴で切りくず排出が問題となる場合には油穴付きのドリルを用いるのが有効である．最近ではドリル径 $\phi 1.0mm$ 以下の油穴付きドリルも実用化されており，これらの工具を用いることにより，これまで放電加工に頼っていた加工を高能率な切削加工に置き換えることが可能となった．

近ごろ，先端角180°のフラットドリルと呼ばれるドリルが製品化されている（図16）．フラットドリルは食いつき部が円筒や傾斜面，凸凹面など平面でない部分に穴あけ加工を行なうことができる．従来，これらの加工では座ぐり加工用エンドミルが用いられていたが，フラットドリルを用いることにより，エンドミルの約2倍の能率で穴あけ加工が可能である．

また，フラットドリルは穴出口のバリの発生を抑制することもでき，クロス穴の加工などに用いることができる．ただし，エンドミルよりも高能率な穴あけ加工は可能であるが，一般的なドリルに比べると能率が低く，通常の穴あけ加工や深穴加工には一般的なドリルを推奨する．

5. 高精度・高能率加工を目指して

ここでは切削工具の使い分けや注意点について解説した．しかし，切削工具や加工条件を選定する上で最も重要なことは，最終的に工作物に何を求めるか，すなわちどのような能率で，どのような寸法精度が必要か，どのような工作機械を用いて，どのようにクランプして加工するかを考えることである（図17）．

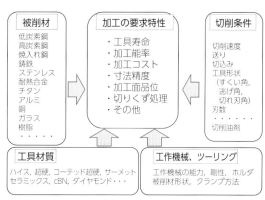

図17 加工の要求特性を決定する要素

いくら精度のよい工具でも，その加工に適した工作機械やクランプ方法がなければ高精度加工は実現できない．また，いくら高能率で加工できる工具でも，工作機械の動力や主軸剛性が低ければ高能率加工はできない．切削工具や加工条件を選定するには，図面とカタログを見ながら机の前で決めるのではなく，現場での加工をよく知った上で工具を選択し，切削条件を決めていくことが最も重要である．

<参考文献>
1) 中島利勝, 鳴瀧則彦：機械加工学, コロナ社 (1983)
2) 臼井英治：現代切削理論, 共立出版 (1990)
3) H.Optiz：Metal Transformations, Gordon and Breach (1968), New York

6 小径工具による加工の特質と加工例

1. マイクロ・ナノテクノロジーと小径工具

　$1 \times 10^{-3} \sim 10^{-9}$ m の単位で操作や形状創成を行なうマイクロ・ナノテクノロジーは，材料，情報通信，環境，エネルギー，生命科学など，幅広い分野にわたり科学技術との関わりが深い．さらには，それらが多様な産業の技術革新を先導することにより，日本のモノづくりの基盤を支え，これからの経済活性化の貢献する分野の一つと考えられる．

　たとえば近ごろの，携帯情報端末機器の回路形成や生化学分析統合システムとしての μ-TAS（Total Analysis System）形成など，高度な情報化社会や高度な医療分野の発展を支える基幹技術でもある．

　これまで，マイクロ・ナノテクノロジーにおける操作や形状創成には，化学的なエッチングプロセスやレーザに代表されるビームプロセスが多用されてきた．しかしながら近ごろ，工作機械の高速高精度化と工具の小径化の技術が進化し，徐々に小径工具を用いたマイクロ加工技術が，その適用範囲を広げてきている．

　ここでは，小径工具として，エンドミルとドリルを取り上げ，その特質を述べ，さらに最近のマイクロ加工の応用事例に基づき，それらの加工現象の特徴を述べる．

2. サイズの違いの本質

(1) 生物物理学に基づく視点

　最初にサイズについて考える．**写真1**はゾウとネズミの写真である．両者のサイズは大きく異なり，生物物理学においては動物のサイズが異なると機敏さや寿命が異なり，総じて時間の流れる速さが異なるとされ

(a) 大型の動物　　　　　(b) 小型の動物

写真1　サイズの異なる動物の例

ている．しかしながら，サイズが異なっても一生の間に心臓が打つ総数や体重当たりの総エネルギー使用量は同じであることが知られている．

　また体長 1 mm 以下程度をしきい値として，移動運動時のレイノルズ数が 1 を下回り，支配する運動方程式がニュートン力学から粘性力学に移行するとされている[1]．すなわち，生物物理学においてサイズが 1×10^{-3} m をしきい値としてマイクロ・ナノの世界の入口と理解されているものと考えられる．

(2) 工具直径のサイズと力学的な特徴

　写真2は，現在の高速・大容量の通信技術を支える光ファイバケーブルの屈曲例である．光ファイバは伝送部のコア直径は φ0.1 mm 以下程度であり，その材

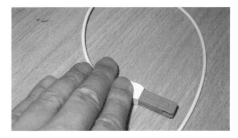

写真2　光ファイバケーブルの屈曲

質としてはガラス質などが多用されている.

脆性材料の代表格でもあるガラス質であるが, 写真2に示す程度に屈曲させても折れることはない. すなわち, 直径が$\phi 0.1\text{mm} = 10^{-4}\text{m}$のサイズであることが屈曲性能の具備, 光ファイバケーブルとしてのハンドリング性の具現化に寄与している. その基本原理を考察する. 簡単のために丸棒（直径d, 長さl）の片持ちはりの問題を考える. 自由端の先端に棒の中心線に対して垂直な荷重Pを負荷した場合, その先端の荷重方向のたわみ量をδとし, 固定端の最大曲げ応力をσとする. その丸棒の弾性係数をEとすると, δとσは

$$\delta = 64Fl/(3\pi E d^4) \qquad (1)$$
$$\sigma = 32Fl/(\pi d^3) \qquad (2)$$

と示されるので, 生じる曲げ応力当たりのたわみ量(δ/σ)は

$$(\delta/\sigma) = 2l/(3Ed) \qquad (3)$$

となる. その関係を図1に示す.

（3）式および図1より, dが大きいほど同一の曲げ応力σにおけるたわみ量δが小さくなる. 逆に発生する曲げ応力を一定にするなら, dが小さい場合は大きなたわみが生じていることになる. 写真2において屈曲させてもファイバが折れないのは, 生じる曲げ応力が小さいためである. すなわち小径工具の力学的な特徴として, 荷重に対して相対的にたわみ量が大きくなることが考えられる.

(3) 工具直径のサイズと熱的な特徴

前述と同様に丸棒（直径d, 長さl）の問題を考える. 丸棒の側面の表面積をS（$=\pi d l$）とし, その体積をV（$=\pi d^2 l/4$）とすると, 体積当たりの表面積（S/V）は

$$(S/V) = 4/d \qquad (4)$$

となる. すなわち, dが小さくなると体積当たりの表面積が大きくなることがわかる. ここで体積と比熱の積が熱容量Cであり, dが小さくなると熱容量当たりの表面積が大きくなることもわかる.

これらより, dが小さくなると表面からの熱の流入と流出が容易になり, 外乱に対する温度のロバスト性が低いことがわかる. すなわち小径工具の熱的な特徴として, 工具自体の絶対温度が加工現象に対して敏感に変化するものと考えられる.

(4) 小径エンドミル工具の形状的な特徴

生物物理学におけるサイズの検討も考慮して, ここにおける小径は$1 \times 10^{-3}\text{m}$すなわち1mm以下（サブミリ以下）のサイズの工具を対象とする.

最初に, エンドミル工具の形状の特徴を調べる. 近ごろは工具メーカーの総合カタログに, 工具と加工条件などに関する膨大な情報が記載されている. そこでビッグデータからのデータマイニングの手法を工具のカタログ情報に適用して検討する[2].

ここで形状は各部の寸法の比（たとえば, 正方形なら縦と横の寸法比＝1など）で定義される. そこで図2に示す寸法形状を考える.

小径ではない一般径のエンドミル工具では, 工具のシャンク部と刃部の外径は等しい場合が多い. 全長L, 刃部の長さl, シャンク部の直径Ds, 刃部の心厚径（主に刃数により決定される場合が多い）をDeとする.

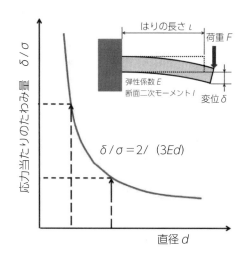

図1　丸棒直径と曲げ応力当たりのたわみ量

工具の総合カタログに記載された情報を用いて，これらの寸法の比により非階層クラスタリング手法を用いて工具形状のクラスタ分析を遂行した結果を図3に示す．ここで工具径は直径φ1～20mmでシャンク径と刃部の外径が等しいものを対象（カタログ記載寸法の組合わせ3774通り）とした．

主にクラスタ1は，全長に対して刃部が占める割合が高い形状である．逆にクラスタ5は，全長に対して刃部が占める割合が低い形状の工具である．加工対象の形状・用途および加工技術に応じて，カタログに掲載されている一般径のエンドミル形状の分布がわかる．

次に，刃部の直径がφ1mm以下の小径エンドミル工具に着目する．それらは図4に示すような，ロングネックと呼ばれる2段形状となる場合が大半である．そこでそれらのロングネック部だけに着目して，ロングネック部の長さL'，その径をDs'として再定義し，カタログ記載の情報（ロングネック部の径φ0.1～1.0mmの工具を対象）に基づいて同様に形状のクラスタ分析を行なった結果を図5に示す．

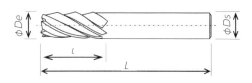

L：全長，ι：刃長，Ds：シャンク径
De：相当径（相当質量換算）

図2　一般径のエンドミル工具の寸法形状

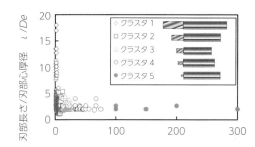

図3　一般径のエンドミル形状のクラスタ分析

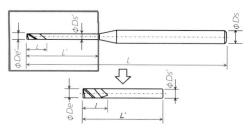

図4　小径エンドミル工具の寸法形状

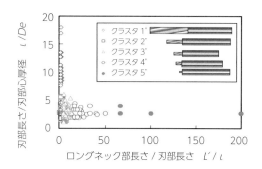

図5　小径エンドミルのクラスタ分析

図3と図5の比較から，両者に大差ないことがわかる．すなわち市販されている小径エンドミル工具においては，ロングネック部だけに着目すると，一般径のエンドミル工具とほぼ同様の形状が相似的に創成されていることがわかる．

3. 加工性能とその特徴

(1) 一般エンドミル工具の焼入れ鋼加工

一般径のエンドミル工具においては，コーティング技術の進歩により焼入れ鋼の加工が容易なものとなってきている．図6は，TiAlNコートの一般径のエンドミル工具による焼入れ鋼の側面加工を評価する実験装置の例である．

テーブル左側には工具摩耗を進行させるための工作物，右側には切削力を測定するための工作物をセットし，右側の工作物の下に切削力を測定するための動力計を配置している．

6　小径工具による加工の特質と加工例　63

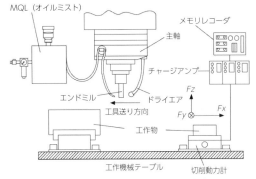

図6 エンドミル寿命評価試験の方法

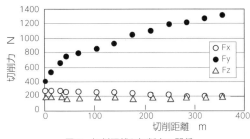

図7 切削距離と切削力の関係

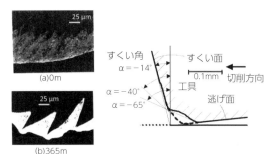

図8 工具刃先摩耗と切りくず断面形状

焼入れ鋼（SKD61，硬さHRC 53）に対して，エンドミル6枚刃（TiAlNコート），直径10mm，ねじれ角45°，工具突き出し30mm，主軸回転数600〜9600mm^{-1}，径方向切込みR_d 0.5mm，軸方向切込みA_d 10mm，送り量0.1mm/刃として側面加工を行なった．工具中心の送り方向はX方向でダウンカットとし，工具中心が加工しながら移動した長さを切削距離とした．

切削速度300m/min（主軸回転数9600min^{-1}）で加工した場合の切削距離と切削力の変化を図7に示す．工作物が焼入れ鋼であるので，工具摩耗の進行に伴い背分力に該当する切削力のF_y成分が増大する様子がわかる．F_y成分の値が初期値に対して2.5倍程度に増大した時点で工具寿命とした．

図8に摩耗の進行に伴う工具刃先の断面形状の変化を示す．初期の工具すくい角αは-14°であるが，次第にその値が負に増大して寿命時は-65°程度にも達する．排出される切りくずも初期は流れ型（a）に近いが，寿命時には剪断型（b）に近いものに変化している．寿命までの切削距離は350m程度である．

同様にして，さまざまな切削速度で寿命までの切削距離を調べた結果を図9に示す．参考のためSKD11（硬さHRC53，HRC59）の場合も併せて示す．組織中に大きな一次炭化物を持つSKD11では，切削速度を上昇させると著しく工具寿命が短くなる．その一方で，SKD61の組織中には微細な二次炭化物だけしか持っ

ていないため，かなり切削速度を上昇させることが可能であり，切削速度150m/min程度で極大値を示す特徴があることがわかる[3]．

(2) 小径エンドミル工具の焼入れ鋼加工

前述と同様に，焼入れ鋼SKD61（硬さHRC53）を，小径エンドミル2枚刃（TiAlNコート），ねじれ角30°，直径500μm，主軸回転数1万〜10万min^{-1}，径方向

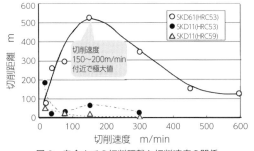

図9 寿命までの切削距離と切削速度の関係

切込み R_d 10μm，軸方向切込み A_d 500μm，送り量 5 μm/刃として側面加工を行なった[4]．図10に切削速度15.7m/min（主軸回転数1万 min^{-1}）の場合の切削距離 L と切削力 F の関係を示す．図7で使用した工具とはすくい角が異なるため，摩耗の進行に伴い背分力 F_n，主分力 F_t ともに増大する．

図11に切削距離と切りくず形状の変化を示す．切削距離 L = 12m 付近から切りくずが剪断型に近くなるため，この時点で寿命と判定した．またそのときに図10では，切削力が安定期より急激に再上昇し，また切削力が初期値に対して約10倍にも達しているのがわかる．

逃げ面の工具摩耗幅 w と切削力 F_n の関係を図12に示す．逃げ面の摩耗幅と切削力 F_n の相関関係がわかる．

切削距離 L と仕上げ面の寸法誤差の関係を図13に示す．(1)式から，切削力に比例して工具先端のたわみ量が増大していることが判明している．

図10より，切削距離2.5mで初期値に対して切削力が5～6倍程度に増大する．図13でも，それに比例して初期値に対して5～6倍程度に寸法誤差を示すことがわかる．またそのときのたわみ量の絶対値は35μmに達しており，使用した工具半径250μmの10%以上にもなる[5]．

したがって(2)式でも導出されているように，曲げ応力はそれほど増大しないため折損はしないが，非常に大きなたわみを生じながら加工を行なう小径エンドミル工具の特徴がわかる．

切削速度を変化させて切削距離とにげ面摩耗の関係を調べた結果が図14である．図9で判明しているのと同様に，切削速度を150m/min付近まで上昇させると摩耗の進展速度が下がり，工具寿命が増大することがわかる[6]．

たとえば，生化学分析統合システム μ-TAS（Micro

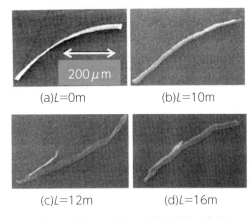

図11 小径エンドミルの摩耗と切りくずの変化

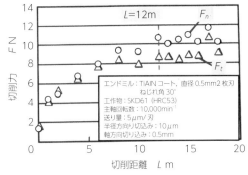

図10 小径エンドミルの切削距離と切削力

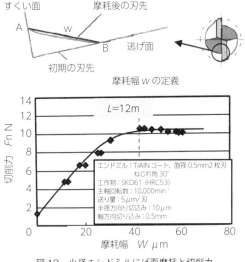

図12 小径エンドミルにげ面摩耗と切削力

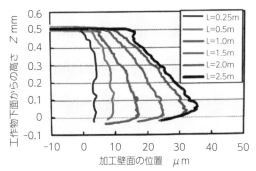

図13 切削距離と工具先端のたわみ量

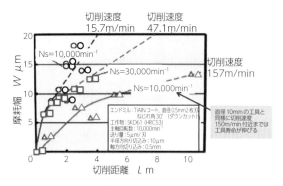

図14 切削速度と工具摩耗の進展の差

Total Analysis System) 製造用の金型加工などにおいて，小径エンドミル工具を用いた技術が進展してきているが，加工中に工具の先端が大きくたわむ点に注意が必要である．

(3) 小径ドリルによる回路基板の加工

プリント回路基板における回路形成のために小径ドリル加工が多用されている．工作物となる基板材はエポキシ樹脂を母材としてガラス繊維などで強化された樹脂系の複合材料である．

ここでは，樹脂系の材料の小径ドリル加工の特徴に着目する．この分野では，回路形成用の小径ドリル加工に特化したNC工作機械に静圧空気軸受を装備した高周波スピンドル（穴径に応じて主軸回転数2万～30万 min^{-1} 程度）を組合せた加工法が用いられる．

最新の半導体パッケージ基板などでは，500 × 600mm サイズ基板に 30 万穴以上の小径ドリル加工が必要で，またその能率も毎秒5～10穴（5～10 hits/s）である．タブレット端末やスマートフォンなどに代表される携帯情報端末機器の回路用としては，直径がφ 0.1～0.3mm 程度，自動車用，産業用，一般家庭機器用としてはφ 0.3～1.0mm 程度の超硬工具による小径ドリル加工となる．

図15 は，ガラスエポキシ樹脂（ガラス繊維強化複合材料）基板の小径ドリル加工後の外観である．どちらも切削速度は 113m/min（送り量 7.5 μ m/rev）で同一であるが，右側の直径φ 0.2mm に比べて左側の直径φ 0.15mm では，加工穴に対して同心円状のB-ringと呼ばれる熱変質層が存在する．この変質層は，加工中に母材であるエポキシ樹脂がガラス転移温度を超えた領域である．

工作物が樹脂系の場合，工具である超硬に比べてその弾性係数が非常に低いため，ドリル加工時には図16 に示すように，ドリル側面を工作物が強く締め付ける（スプリングバック）現象を生じる．したがってドリル側面と穴壁面の間での激しい摩擦により発熱が生じる．その発熱現象に基づき，連続加工時のドリルの蓄熱による昇温を考慮して B-ring 幅を求めた結果と実測の関係を図17 に示す．すなわち（4）式で示されているように，小径ドリルでは発熱に起因する工具の温度上昇が顕著になり，前出図15 のように切削速度が同じでも熱容量が小さな小径化された工具ほど，

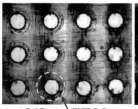

φ0.15mm，壁間 0.2mm　　φ0.2mm，壁間 0.1mm
24万 min^{-1} 　　　　　　　18万 min^{-1}

B-ring (熱変質域)

図15 加工穴周辺の熱変質層の有無

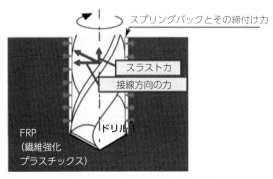

図16 小径ドリル加工時のスプリングバック

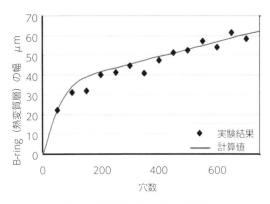

図17 連続穴あけ数とB-ringの幅

加工穴周辺の熱損傷が大きくなることがわかる[7]．

前に説明した図15からも明らかなように，加工対象が樹脂系の場合には加工時の昇温に注意が必要である．すなわち加工穴の壁面の熱履歴は，形成される回路の信頼性を確保するためにも，その制御が重要な項目となっている．回路基板など使用後に高い信頼性が求められる場合，加工穴壁面にイオン成分を避ける必要があり，イオン成分を含む冷却液や切削油剤が使用できない．そこでそれらの加工技術においては，図18に示すような赤外線サーモグラフィによるモニタが加工現象の診断に有効となる[8]．

アラミド繊維エポキシ樹脂の回路基板材を，ドリル径$\phi 0.6mm$，切削速度$62m/min$，送り量$10\mu m/rev$で加工したときのトルク波形を図19に示す．基板の板厚3.2mmで下あて板にフェノール樹脂板を用いた加工例である．

図から，①加工開始時に急激にトルクが増大し，②加工が進展してドリルが加工穴に入るにしたがって，比例的にトルクがさらに増大する．すなわち，ドリル側面と穴壁が摩擦する面積の増大に比例してトルクが増大することがわかる．図18に示すモニタの測定結果によれば，加工直後に小径ドリル先端部の温度は200℃を超えており，樹脂の耐熱温度を上回っていることが判明している[9]．

すなわち，焼入れ鋼の小径エンドミル加工の場合と異なり，小径化においては工具の熱容量の減少に起因する昇温現象も考慮して，切削速度を決める必要があることがわかる．

(4) 小径ドリルのステップフィード加工法

小径ドリルの折損は，加工開始時にドリルが工作物に十分に食いつかないために生じる曲げ折損と，ドリル加工時に切りくずの詰まりなどによるトルクの増大による折損に大別される．前者はスタート穴，ガイド

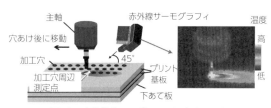

図18 赤外線サーモグラフィによるモニタ

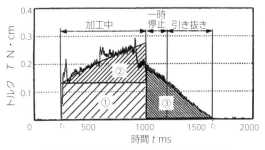

図19 小径ドリル加工時のトルク波形の特徴

穴を前加工すれば比較的容易に回避できる．一方で後者は，小径化するほど穴径に対する穴深さ，いわゆるL/Dが増大して深穴化し，ドリル折損のリスクが急激に増大することになる．

そのため，ステップフィード加工を用いて，切りくず排出の動作を繰返しながら，加工を行なう必要がある．ステップフィード加工はステップの回数，各ステップの送り速度，各ステップの深さの組合わせ最適化問題でモデル化できる．

一般にドリルの折損を回避し，かつ穴品質（たとえば穴の曲がり）を維持しながら，加工時間を短縮する問題に帰着される．そこで貪欲アルゴリズムに基づく求解法を考える[10]．

回路基板の小径ドリル加工について，3ステップ動作を例に最適化した例を示す．ドリル回転数24万 min^{-1}，φ0.15mm，加工穴深さ2.1mmの場合である．予備実験により，各ステップの送り速度と各ステップの深さを均等にして目安となる初期条件を求めておく．そこから最適化を行なう．

1^{st}ステップ動作は加工開始であり，送り速度を低下させて加工開始時の曲げによる折損を避けたい．中心複合計画（12条件の組み合わせ）に基づいて，説明変数として送り速度と1^{st}深さを目的変数として割り付ける．1^{st}ステップ以外の各ステップの深さは残り深さを均等に分け，さらに送り速度は初期値のままとする．目的変数としては加工穴精度と1穴の加工に要する時間である．この例では3,000穴の連続加工を対象としている．目的変数を2次の応答曲面により表した例を図20，図21に示す．

図20より穴精度のしきい値を決定して，その値以下の領域の中に図23を重ね書きすれば加工時間が最小となるステップ深さと，送り量の組合わせが決定できる．

2^{nd}ステップと3^{rd}ステップにおいても同様の手法を繰返すことで，穴品質を低下させることなく，加工時間を大きく短縮できる．

求めた一例を表1に示す（h_1とh_2を合わせた加工

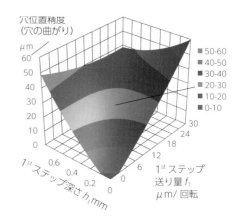

図20 穴の曲がりと加工深さ・送り量の関係

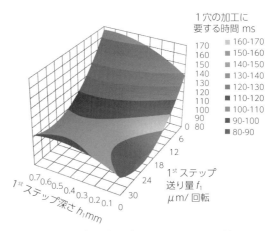

図21 加工時間と加工深さ・送り量の関係

深さは1.32mm）．この例の場合，ステップ動作の引き上げと，次の送り速度位置深さへの戻し，早送り速度も含めて最適化している．

結果としては，各ステップの送り速度として，1^{st}ステップ（=f_1）＜3^{rd}ステップ（=f_3）＜2^{nd}ステップ（=f_2），として定量的に決定されていることがわかる．送り速度は穴の入口で最も遅く，次に穴の出口で下げ，その間はできるだけ早くするという妥当な解が求まっている．

一方で，頻繁なステップフィード動作は加工時の残留振動を増大させることになる．そこで小径ドリル加工

に特化した．図22に示す加工機が考案されている[11]．

本機は，カウンタバランス機構（制振機構）を搭載していることが特徴で，図24に示すように主軸部とカウンタ部が逆ねじのボールねじで直列に接続し，主軸部が上下運動を行なう際にカウンタ質量が主軸部と逆向きの運動をすることにより，Z方向の並進軸バランスを保つことで振動を低減する効果を持つものである．

穴あけ動作は，Point to Point 制御が基本であること，さらに小径ではZ軸方向のストロークもそれほど長く必要としない点を考慮したものである．理論上はZ軸送りの直進運動に関して完全に動バランスを確保することができる．

一方でZ軸回りのモーメント振動は増大するが，その対策は比較的容易である．表1に示す1st ステップ送り動作を連続で繰返した場合（X,Y軸方向の送り動作は行なわない）において，工作機械のテーブル上のZ軸方向の振動加速度の計測例を図23に示す．

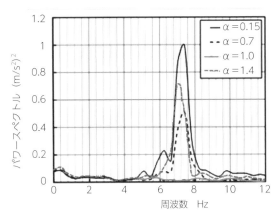

図23　カウンタバランス機構の効果（Z軸方向）

バランス質量の比を α（＝カウンタ質量／スピンドル質量，図22中の M_c/M_s）とした．$\alpha=0.7 \sim 1$ 付近で振動加速度が低減されていることがわかる．したがって小径ドリル加工技術に特化した有効な手法の一つであることがわかる．

表1　ステップ加工条件

引き上げ早送り速度　mm/min	30,000
引き下げ早送り速度　mm/min	10,000
ステップ数	3
1st ステップ送り量　μm/回転	15.9
2nd ステップ送り量　μm/回転	27.9
3rd ステップ送り量　μm/回転	18.6
1st 加工深さ　h_1 mm	0.32

＜参考文献＞
1) 本川達夫：ゾウの時間ネズミの時間（サイズの生物学），中央公論社（1992）
2) 児玉紘幸，廣垣俊樹ほか：データマイニングによるエンドミル切削条件の決定法（工具カタログデータの非階層・階層クラスタリングの併用効果），砥粒加工学会誌，55巻1号（2011），p.42
3) 中川平三郎，廣垣俊樹ほか：金型用焼入れ鋼のエンドミル加工に関する研究（SKD11とSKD61の比較），精密工学会誌，67巻5号（2001），p.833
4) 西村智史，中川平三郎ほか：極小径エンドミルの摩耗機構，2010年度精密工学会春季学術講演会講演論文集（2010），p.235
5) 今田琢巳，中川平三郎ほか：極小径エンドミル加工における側面切削現象について，2012年度精密工学会春季学術講演会講演論文集（2012），p.153
6) 今田琢巳，中川平三郎ほか：極小径エンドミル加工における側面切削現象について―切削速度の高速化による効果―，2012年度精密工学会秋季学術講演会講演論文集（2012），p.161
7) 廣垣俊樹，青山栄一ほか：超高速スピンドルを用いたプリント基板における極小径ドリル加工穴の熱損傷と最適加工条件の考察，日本機械学会論文集（C編），74巻743号（2008），p.1894
8) 廣垣俊樹，青山栄一ほか：赤外線サーモグラフィによるプリント基板のマイクロドリル加工現象のモニター（アラミド繊維強化基板の加工時のドリル温度について），材料，53巻5号（2004），p.553
9) 中川平三郎，小川圭二ほか：プリント基板のマイクロドリル加工温度上昇メカニズム，精密工学会誌，72巻12号（2006），p.1494
10) 廣垣俊樹，青山栄一ほか：応答曲面法を用いたプリント基板の極小

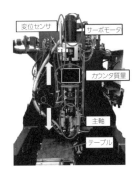
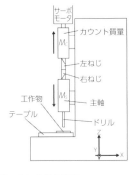

図22　Z軸の左右ボールねじ制振機構

径ドリル加工による高速微小送りステップ動作の最適化，日本機械学会論文集（C編），78巻788号（2012），p.1280
11) 芝田亮介，廣垣俊樹ほか：プリント基板における超高速スピンドル搭載工作機械のマイクロドリル加工―Z軸カウンタバランス機構による制振効果の検討―，2014年度精密工学会春季学術講演会講演論文集（2014），p.539

7 セラミックスの加工と研削

1. セラミックス材料とは

セラミックスは「粘土または無機物を焼き固めたモノ」と定義されている.したがって,陶磁器,耐火物,ガラス,セメントなどの無機材料を指す意味で使用されていた.これらは自然材料からつくられるものが多い.

しかし,電子産業をはじめ各分野で使用されているセラミックスは,その使用目的や機能を十分に発現させるために,化学組成,微細組織,形状と製造工程を精密に制御して製造されたものである.精選または合成された人工の原料粉末でつくられている.しかも天然には存在しない化合物も多く使用されている.

これら自然材料と人工材料でつくられるセラミックスを区別するため,これまでの陶磁器類をオールドセラミックス,産業分野で使用されるものをファインセラミックス,ニューセラミックスまたはアドバンストセラミックスと呼んでいる.

さらに,ファインセラミックスと呼ばれているものも,主に治工具類の部品に使用される構造用セラミックスと,電気的な機能部品に使用される機能性セラミックスに大別できる.

ここでは,製品にするために機械加工が必要な構造用セラミックス(写真1)を対象に,それらの研削加工技術について解説する.

2. 構造用セラミックスの材質と用途

構造用セラミックスには,表1に示すような種類がある.炭化物,窒化物は自然界にまったく存在しない化合物で,人工的に生成された粉末原料でつくられている.構造用セラミックスの用途は自動車部品,精密機械部品,化学機械部品,工具,スポーツ用品,家庭用品など多様な分野に広がっているが,現在最も多く使用されているのはアルミナセラミックスである.理由は,古くから研究されており,物性面と製造面で安定しており安価なことである.

ファインセラミックスに共通している性質は表2に示すように,軽くて硬く変形しにくく,耐熱性,耐食性,電気絶縁性にすぐれている長所を持っているが,脆性材料であるがために,衝撃荷重に弱くチッピングを生じやすい.さらに焼結体であるがために機械強度がば

写真1 各種セラミックス(京セラ)

表1 構造用セラミックスの種類

酸化物系	アルミナ Al_2O_3 ジルコニア ZrO_2 コージライト $2MgO_2Al_2O_35SiO_2$	構造・絶縁部品・工具 刃物,宝石,砥粒 触媒ハニカム 絶縁部品
窒化物系	窒化珪素 $SiN4$ 窒化チタン TiN 窒化アルミ AlN 窒化ホウ素 BN サイアロン SiAlON	軸受,工具 工具,コーティング膜 放熱部品,保持治具 切削・研削工具 耐熱部品,溶接治具
炭化物系	炭化珪素 SiC 炭化チタン TiC 超硬合金 WC 炭化ホウ素 B_4C	半導体,電子基板 工具 工具,金型 防弾部品,砥粒
複合系	アルミナ-ジルコニア	医療材料,放熱部品

表2 セラミックスの特性

材料	硬さ HV	比重 (g/cm³)	弾性率 (GPa)	融点 (℃)	線膨張 (10⁻⁶)
アルミナ	1800	3.9	400	2050	8
ジルコニア	1100	6.1	200	2700	10
窒化ケイ素	1400	3.3	300	1900	3
炭化ケイ素	2200	3.2	450	2600	4
超硬合金	1600	14	570	1500	5
焼入れ鋼	800	7.9	206	1400	12
ステンレス	200	7.9	193	1400	18

らつくといった欠点を持っている．そのために，加工精度や加工品質を出すのが，むずかしい材料である．

3. セラミックスの1次加工と2次加工

セラミックスの製造工程は図1のようになっている．原料は粉末であり，その粒径は製品に要求される物性値に応じて選択されている．一般に原料粉末を焼き固めるだけで，製品をつくることはできないので，さまざまな前処理が行なわれる．原料粉末と呼ばれるものには，後工程で成形をして形を維持するために必要な高分子系の成形助剤，焼結するために必要なイットリアやマグネシアなどの焼結助剤を添加，混合したものを原料とする．

その後，原料粒子の流動性を高くして成形型への充填性をよくするために，直径数10μm程度の顆粒状に造粒されたものが出発原料となる．

次にプレス，鋳込みなどで成形を行なう．形状が複雑でプレス加工では造形できない箇所は成形後または仮焼結後に切削を行なう場合がある．これらを称して「1次加工」と呼ぶ．この工程で最終の製品形状をつくりたいところであるが，後工程の焼結で数10%の体積収縮が生じるために，この収縮を見積もった形状を予測しなければならない．

できるだけ焼結後には，最終製品に近い形状になるように成形することをニアネットと称するが，一般には収縮率が製品形状，焼成温度差，成形後のセラミックス粒子の含有率の差などで一定とはならないために，焼結したまま製品にすることはむずかしく，大きな仕上げしろが残ることが多い．

成形されたものは，不要になる成形助剤を蒸発させながら温度を上げて焼結する．酸化物系セラミックスは大気中で焼結が可能であるが，非酸化物系は雰囲気中で焼結しなければならない．また，焼結製品に要求される特性に応じて，嵩密度ないし強度を上げるにはホットプレス(HP)法や熱間静水圧プレス(HIP)法で，製品に圧力をかけながら焼結している．

次に焼結されたセラミックスは，目的の形状に仕上げるための機械加工が行なわれる．この工程を2次加工と呼ぶ．

表3は，セラミックスの2次加工に使われている主な加工方法である．構造用セラミックス製品には，所望の寸法，形状の加工精度と仕上げ面粗さが要求され

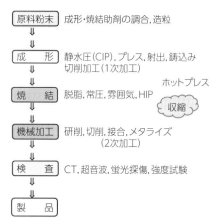

図1 セラミックス製品の製造工程

表3 セラミックスの2次加工方法

	加工方法	加工対象，概要
機械的	切削加工	成形体，仮焼体（1次加工法）
	研削加工	焼結体全般
	研磨加工	超音波穴，ラップ，バレル
化学的	CMP	半導体基板，治具
電気的	放電加工	TiC，TiN などの導電材料
	イオン加工	表面粗さ改善（溶融），溶射
光学的	レーザ加工	穴加工，基板切断，割断
接合	機械的	ボルト，焼きバメ
	物理化学	メタライズ，ろう付け

る場合が多いので，そのために研削加工が最も頻繁に使われている．その他の加工方法は，ごく特殊な材料や形状，鏡面仕上げが必要な場合などに限られている．加工能率のよい切削加工法の適用は，基本的に削れなかったり，工具コストの面で適用できない．

4. セラミックスの研削加工

セラミックスの加工には，ダイヤモンドホイールを用いた研削加工法が多く用いられている．金属加工のように加工能率の点では切削加工を採用したいところであるが，表2に示したようにセラミックス材料の特性から，金属材料よりもかなり硬いために，十分な硬さを持つ切削工具がないこと，脆性を持つために切れ刃の除去体積が大きくなるとチッピングや亀裂が発生しやすいなどの理由で，セラミックスを多数の微小な砥粒切れ刃で少しずつ削る研削加工がよく使われる．

したがって，粗加工から仕上げ加工までを，比較的低能率な研削法で加工をしなければならないので，セラミックスの加工時間は他種材料に比べて長くなる．

研削加工に使われる砥石の砥粒には，セラミックスよりも硬い物質でないと加工ができないので，ダイヤモンド砥粒が使われている．加工するための工作機械は，グラインディングセンタがよく使用されている．この工作機械はマシニングセンタと同様，3次元形状の加工ができ，多種類の加工要素に対応できる機能を持ち，さらにセラミックスの加工に適合するように各種の工夫がなされている．

すなわち研削加工は切削に比べて高速であること，セラミックスの研削加工時に発生する切りくずは研磨剤にもなること，研削背分力がかなり大きくなることから，高剛性の高速主軸を備え，非磁性体切りくずの精密な濾過装置を備え，摺動面の防塵対策に特別の配慮がなされた機械構成になっている．

図2はセラミックスと鉄鋼材料を研削加工するときの研削抵抗比と，鉄鋼材料の切削抵抗比である．一般に切削加工の場合は背分力が接線力の半分程度となるが，研削加工では背分力が接線力の数倍大きくなる．

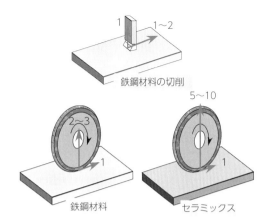

図2 研削背分力と接線力の大きさの比

さらにセラミックスの研削では鉄鋼材料と比べて砥石を工作物に押し付ける研削背分力が，研削接線力の5～10倍と非常に大きくなる．

すなわち工作機械，主軸の剛性が低いと，砥石が工作物から逃げたり，振動が起こりやすくなるので，セラミックス用の工作機械には剛性が必要とされる．

(1) ダイヤモンドホイールの表示方法

一般に研削工具は砥石と呼ばれているが，砥粒にダイヤモンドやcBNを使う場合には，「砥石」ではなく「ホイール」と定義されている．ダイヤモンドホイールは，**写真2**に示すように多種多様なものが製作され，それらの仕様は次の記号で表される．

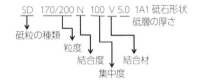

・表示記号の例と詳細

・SD，SDC：人造ダイヤモンド砥粒．結合剤がレジノイドの場合は，砥粒保持力を高めるために人造ダイヤモンドSDにNiやCuなどのコーティングを施したSDC砥粒を用いる．

・170/200：砥粒のメッシュサイズ．主に要求される

写真2　各種ダイヤモンドホイール（松永トイシ）

仕上げ面粗さに応じて，砥粒の大きさを選んでいる．数字が大きくなるほど細かい砥粒となる．

- N：結合度．アルファベットで表示をし，軟H⇔硬Pとなっている．砥石メーカによって測定方法や評価基準が異なるため，相対的な値となっている．
- 集中度：ダイヤモンド砥粒の含有重量．100は体積1cc当り2.2カラット含有していることを意味する．したがって，数字が大きいほど砥粒が多くなる．100が標準となっている．
- 結合剤：M＝メタルボンド（無気孔），B＝レジンボンド（熱硬化性樹脂，無気孔），V＝ビトリファイドボンド（有気孔），P＝電着

結合剤の選択基準はおよそ次のようになっている．研削比を大きく，型崩れを小さく抑えるときはM，仕上げ面粗さをよく，チッピングを抑えたいときにはB，切れ味がよく研削精度をよくし，ツルーイング，ドレッシングを容易にしたいときにはV，切れ味がよく，切削工具感覚で使用したいときにはPを選択するのが一般的である．

ダイヤモンドホイールの仕様，種類はこれらの5要素の組合わせで決まるために多種に及び，基本的に砥石供給は受注生産となっている．詳細は参考文献[1]を参照されたい．

(2) ダイヤモンドホイールのツルーイングとドレッシング

研削加工を行なうためには，加工を実施する前に砥石の形状を整えるツルーイング，砥粒の切れ味をよくする，または回復させるドレッシングを行なわなければならない．ところが，セラミック研削にはダイヤモンドホイールが使用されているので，この2つの作業は決して容易ではない．

普通砥石であれば，ダイヤモンド工具で容易にツルーイングやドレッシングが行えるが，ダイヤモンドホイールの場合は，世の中で最も硬いダイヤモンドを削らなければならないので困難を極める．

現在いろいろな方法が提案されているが，実際に使用するダイヤモンドホイールの仕様，加工の目的，製品に要求される精度・品質に応じたツルーイング，ドレッシング方法と条件を見い出さなければならない[1～3]．

一般的なツルーイング方法は，次のようになっている．

(a) GC砥石を研削する，あるいはダイヤモンドツルアで共削りをする方法（図3）．GC砥石を使用した場合，ツルーイング比（ダイヤモンドホイール除去量／GC砥石消耗量）は数十から数百分の一になるから，ダイヤモンドホイールを精度よ

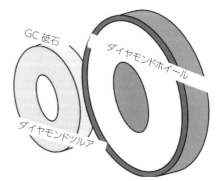

図3　GC砥石によるツルーイング

くツルーイングするのに時間が掛かる．ダイヤモンドツルアだと時間的には有利になるが，工具コストが高くなる．
(b) GC砥石のブレーキツルアを使用する方法（図4）．基本的には図3と同じであるが，GC砥石を回転させるための動力が不要のため，取付け取外しが容易で，手軽にツルーイングができる特徴を持っている．原理は，ダイヤモンドホイールを接触させることでツルアのGC砥石を連れ周りさせるが，回転による遠心力によってツルアにブレーキが掛かるようになっている．
(c) 軟鋼，チタン，WA砥石を研削する方法（図5）．

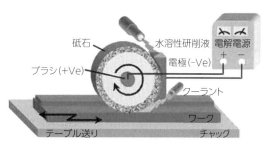

図6 ELIDツルーイング・ドレッシング法

金属を削る方法は，ダイヤモンド砥粒が金属と化学反応を起こすことでダイヤモンドホイールを摩耗させる原理である．したがって，金属には炭素と反応性の高い物質（軟鋼，ステンレス，Mo，Ti，Nb等）が使われている．WA砥石は主にダイヤモンドホイールのドレッシング，すなわち砥粒の目出しや切れ味回復によく用いられている．

(d) ELIDツルーイング・ドレッシング法（Electrolytic In-process Dressing，図6）．導電性のあるメタルボンドホイールのツルーイングとドレッシングに使用されている．メタルボンドを電解によって削り取る方法である．電気不導体のダイヤモンド砥粒は電解されないので，ツルーイングと同時にドレッシングができる[3]．電源，絶縁対策が必要となるが，特に粒径の細かいダイヤモンドホイールのドレッシングに有効で，切れ味を一定に保ったり，仕上げ面粗さをよくするのに有効な方法である．

図4 ブレーキツルア（豊田バンモップス）

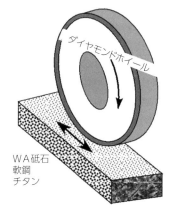

図5 WA砥石，軟鋼，チタン，モリブデンによるツルーイング

5．セラミックスの加工条件と強度，残留応力

いかなる加工も製品に要求される品質，機能，精度を保証するものでなければならない．ところが，前述したように構造用セラミックスは粉末の焼結体であり，共有結合化合物であるがゆえにきわめて脆性的な挙動をとる．強度のばらつきが大きいという材料本来の性質以外に，機械加工によって生じる亀裂やチッピングでセラミックスの品質，機能や強度が著しく低下する欠点がある．たとえばダイヤモンドホイールを含

めた研削加工条件，研削加工方法が強度に大きく影響するので，加工するときには必ず注意を払わなければならない．

一般に研削加工を行なうとセラミックス表面には砥石回転方向に微視亀裂が発生し，加工面直下数10μmには圧縮の残留応力が発生する[4]．曲げ強度は微視亀裂の方向，長さ（深さ）と残留応力の大きさに大きく影響を受ける（図7）．

図8は，ガス圧焼結された窒化珪素セラミックスを粒度の異なるダイヤモンドホイールで研削したときの曲げ強度を示す．4点曲げ試験（JIS R 1601：ファインセラミックスの室温曲げ強さ試験方法）の引張方向と直角に研削をして，曲げ強度をワイブル確率紙にプロットした例を示す．前述したようにセラミックスの機械強度は他の工業材料に比べて大きくばらつくために，統計的解析と信頼性解析が必要となる．そのためにセラミックスの強度評価を行なうときには最弱リンク説から導かれたワイブル分布が一般的に用いられている[5]．

まず，同じ条件で加工しているものでも#800で加工をすると，曲げ強度は450〜600MPaの間でばらついている．大きなダイヤモンド砥粒#80で研削加工を行なうと，その強度が6割程度まで低下している．

図9は工作物の送り方向を砥石回転方向と平行にして加工した試料の曲げ強度を示す．使用する砥石と研削能率は同じであっても，強度試験と加工の方向を変えることで，最高強度は1000MPaにも達することがわかる．ダイヤモンド砥粒径の小さな砥石で削るほど強度が上昇している．

これらのことをまとめると，加工方法や加工条件で強度が数10%も異なり，強度のバラツキ（ワイブル

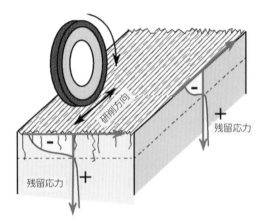

図7 セラミックスの加工変質層

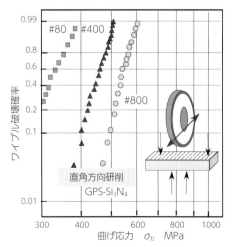

図8 曲げ強度に及ぼすダイヤモンド砥粒の大きさ
（負荷応力に直角方向）

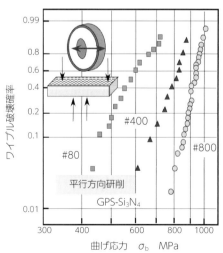

図9 曲げ強度に及ぼすダイヤモンド砥粒の大きさ
（負荷応力に平行方向）

分布の形状係数 m 値で評価）が金属材料に比べて大きいために，実際に機械部品として使うときには，設計強度をどのように決定するのかが重要となる．

またセラミックス製品の強度低下を防ぐためには，加わる応力ベクトルと研削方向を常に考慮した加工をしなければならないこと，できるだけ砥粒径の小さなダイヤモンドで加工しなければならないことである．

より細かい砥粒を用いることにより，低能率な加工にならざるを得ないことになる．粗研削で発生した微視亀裂を仕上げ研削で除去すればよいが，セラミックスの材種，粗加工条件で微視亀裂の大きさ，侵入深さが異なるために，高能率加工を実現するためには，材種，加工条件別の微視亀裂データベースが必須となる．

図10 は仕上げ面粗さと曲げ強度の関係を示す．従来は仕上げ面粗さが大きくなるほど切欠き効果で曲げ強度が低下するとされていたが，面粗さが直接原因ではなく，曲げ強度は使用するダイヤモンド砥粒の大きさや1つ1つの砥粒がセラミックスを削る量，すなわち研削加工条件に影響されることが明らかになっている．

同じ粗さなら細かいダイヤモンド砥粒で加工した方が強度低下を防げる．およそ#800 よりも細かいダイヤモンド砥粒で加工すれば，強度低下はほぼ防げるが，あまり細かい砥粒を使うと加工能率が極端に低下するので，粗加工，仕上げ加工で砥粒径を使い分けることが重要である．

図11 は窒化珪素セラミックスの研削面の残留応力分布である．

セラミックスを研削した場合は，必ず表面下数 10μm の深さまで圧縮の残留応力が発生する．このことは2つの重要なことを示唆している．

①残留応力が発生するということは，いくらかの塑性変形が生じていることになる．ダイヤモンドのメッシュが#80 の砥粒で研削する方が圧縮残留応力の絶対値が大きくなっている．セラミックスは脆性材料ではあるが，1つの砥粒が除去する量を小さくすれば，延性モードの研削加工が可能となる．

②表面に圧縮の残留応力が存在するために，研削加工で発生した微視亀裂は閉じている可能性が高く，この微視亀裂を観察するのが非常に難しい．多くの非破壊検査法（超音波顕微鏡，X線CT等），電子顕微鏡観察でも加工に伴う微視亀裂は観察されていない．

しかし，図8，図9に示したように加工方法，加工条件に応じて，材料試験で強度低下が起こるので，微視亀裂は存在している．曲げ試験後の破面観察から微視亀裂が存在していたことが確認されることがよくあ

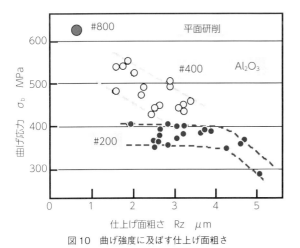

図10　曲げ強度に及ぼす仕上げ面粗さ

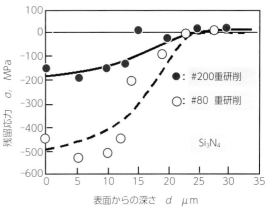

図11　窒化珪素研削加工面の残留応力分布[7]

る[4].

6. セラミックスの微視構造と仕上げ面粗さ

同じ材質のセラミックスを同一の条件で加工をしても，同じ仕上げ面粗さが得られないことがしばしば起こる．たとえば**図12**は，まったく同じ研削条件下でアルミナセラミックスを研削したところ，仕上げ面粗さの値が大きく異なった例である．金属材料と異なって，セラミックス材料の場合は研削加工条件が同じであっても同じ研削結果が得られないことがしばしば起こる．

それぞれの材料の微視構造を観察すると，**写真3**のようになっていることが判明している．セラミックスの除去加工メカニズムは，一般の研削加工条件下では多くの場合，粒界破壊で切りくずが生成されるために，仕上げ面粗さは原料粉末粒子径，あるいは焼結後の粒子径，ならびに切りくず生成時に粒内破壊か粒界破壊のどちらが主体になっているかによって，研削結果は大きく異なることに注意することが大切である．

より微細な切りくずが出るように砥粒の切込み量を小さくすれば，粒界破壊ではなく塑性変形を伴う延性モードの切りくずを生成して，良好な仕上げ面粗さを

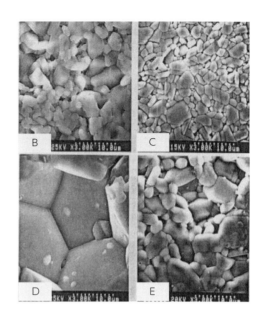

写真3 各種セラミックスの微視構造

得ることもできる．

一般にセラミックスの中でもジルコニアは，機械的性質が金属とセラミックスの中間的性質を持つために，他のセラミックスとは異なり，延性的な加工がやりやすい材料である．

7. 穴あけ加工例

図13のようにマシニングセンタを使用して，電着ダイヤモンドホイールでアルミナセラミックスに穴あけを行なった例を紹介する[7]．工具はZ方向にまっすぐ送るのではなく，ヘリカル加工で穴あけを行なっている．このようにすることで，多様な直径の穴を1種類の工具で加工することができる．

図14は，砥石底面の形状が工具寿命に及ぼす影響を調査した例である．一般的な球体形状とわずかに楕円体にした電着ホイールを比較している．

図15は，これらの工具1本でいくつの穴が明けられるかを調べたものである．球体の工具と比較して楕円体の工具は数10倍の穴加工が可能になっている．

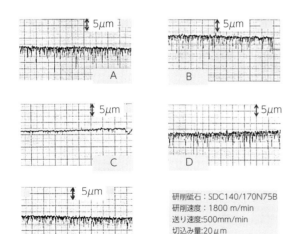

図12 各種アルミナセラミックスの仕上げ面粗さ

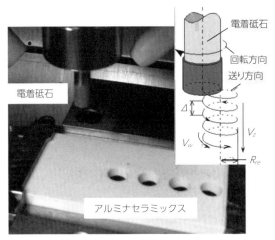

図13 ヘリカルボーリング

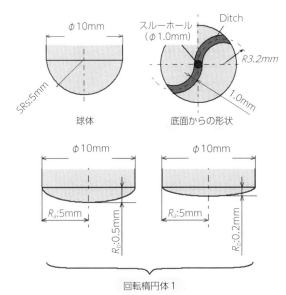

図14 ダイヤモンドホイールの底面形状

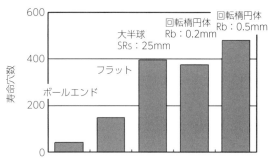

図15 工具寿命と工具底面形状

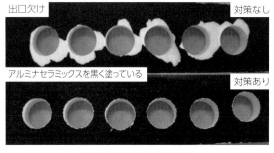

写真4 穴加工の出口欠け

球体の工具では，先端の摩耗が激しく，楕円体の工具では底面全体が摩耗している．すなわち，ダイヤモンドホイールとセラミックスの研削加工時の干渉状態が均一になるような砥石台金形状を設計すれば，工具の寿命を大幅に延ばせる例である．

セラミックスの加工で必ず問題となるのが，割れ，欠け，破壊である．写真4は穴加工の出口の画像である．工具出口で大きな欠けが生じていることが判る．これを防止するためには，セラミックスを焼結前に下穴をあけておくか，特殊な形状の砥石[8]を使うことで，図のように欠けを最小限に抑えることができる．あるいは出口に達する前の加工条件を緩やかにすることも考えられる．

8. セラミックスの新しい加工法を目指して

構造用セラミックスは他の金属材料，有機材料に比べて機械的性質，化学的性質，電気的性質で多くの長所を持っている．しかし，製品の原料は主に共有結合している粉末を焼結したものであり，硬くて，脆く，強度のばらつきが大きく，加工時に微視亀裂が入りやすい．

除去加工をするためには，セラミックスよりも硬いダイヤモンド砥粒を用いた研削加工が主体になってい

るために，高価な工具を使用しなければならない．さらに研削加工は仕上げ加工として用いられる加工方法で，能率的な加工をするのには向いていない加工方法のために時間コストもかかる．しかもダイヤモンドホイールのツルーイングとドレッシングがむずかしいという問題も含んでいる．

　セラミックスの材料としての長所はもっと広い分野で使われてもよいが，難加工性であるがゆえに，用途を拡大するためには，高能率で高品質な新しい加工方法が求められている．

＜参考文献＞
1）ダイヤモンド砥石研究会：ダイヤモンド砥石の選び方・使い方，日刊工業新聞社（1988）
2）中川平三郎ほか：グライディングセンタによるアルミナ－ジルコニア複合セラミックスの高能率研削加工，砥粒加工学会誌，55巻8号（2011），p.481
3）大森整：ELID研削加工技術，理化学研究所データファイル通信，Vol.0019
4）中川平三郎：ファインセラミックスの機械加工と残留応力，Japan Fine Ceramics Center Review（1990），p.54
5）西田俊彦ほか：セラミックスの力学的特性評価，日刊工業新聞社（1986），p.41
6）鈴木賢治：セラミックスのX線と強度評価に関する研究，名古屋大学博士論文（1993）
7）小川圭二ほか：セラミックスのヘリカルボーリング加工時の欠け発生メカニズム，砥粒加工学会誌，56巻1号（2012），p.44
8）奥野剛志ほか：新型2段工具によるセラミックスのヘリカルボーリング加工時の欠けの抑制，Advanced Technology Fair（2012）

8 ころがり軸受の特性と最新技術

1. 軸受技術の発展経緯と工作機械の動向

　工作する道具の時代から産業革命での工作機械の急速な進展を通じて，工作機械主軸の支持軸受はすべり軸受（動圧油軸受）が主流であった．1900年代初めの米国における自動車の大量生産のニーズを受けて，欧米でころがり軸受の量産が開始された．

　日本では1920年前後に国内で軸受が製造され始め，さまざまな機械に使用されるようになり，工作機械の主軸用精密軸受として本格的に採用され始めたのは，1960年代以降である（表1）．

　マシニングセンタ（以下，MCという）が普及する1980年代以前の工作機械分野においては，旋盤，フライス盤を代表とする低速域で重切削を行なう工作機械が大半を占めており，高速域での加工は内面研削などの一部の用途に限られていた．

　高速性がそれほど必要とされない旋盤，フライス盤の主軸においては，剛性を重視した円錐ころ軸受を使用した軸受配列が数多く採用され，一方，加工時の抵抗が小さい内面研削盤の主軸においては，高速性を重視したアンギュラ玉軸受を使用した軸受配列が数多く採用された．

　このように工作機械主軸への主な要求性能は，「高剛性」または「高速性」と2極化しており，適切な軸受形式や予圧方式を選択して，棲み分けにより対応することができた．

　しかしながら，工作機械の自動化，高速高精度化指向のなかで，図1に示すように，①5軸加工機，複合加工機の進歩，②使いやすさの向上，③高精度化・微細加工の進歩，④省スペース化，⑤環境負荷の低減などの新たなニーズに対応して，ころがり軸受に対する要求仕様も大きく変化してきた[1]．

　工作機械の性能を向上するためには，工作機械を構成する各部品とそれらのユニットの性能向上が必須である．なかでもころがり軸受は，主軸用の高精度軸受，ボールねじ支持軸受，そしてテーブル旋回用軸受とし

表1　軸受メーカー軸受技術の変遷

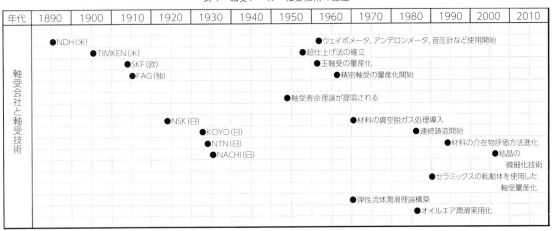

て，工作機械の性能向上に大きく貢献してきた．とりわけ加工精度や加工効率に直接影響を及ぼす主軸の高性能化は重要で，その主軸に用いられている主軸用軸受の性能向上は非常に重要で，低速域における重切削から高速域における軽切削まで幅広い加工が要求され，主軸への要求性能として「高剛性」と「高速性」の両立が不可欠となった．

ここでは工作機械主軸用のころがり軸受の最新の技術動向について，JTEKTにおける事例をもとに解説する．

2. 主軸用ころがり軸受

工作機械の主軸用ころがり軸受への要求項目としては，高剛性，高速性，回転精度，低昇温，低騒音，長寿命などがある．なかでも高速性と高剛性は最重要項目であると同時に，相反する要求性能でもあり，両立が困難な課題であり，それを示したのが図2になる[2]．

高剛性の軸受，たとえば円すいころ軸受は，軌道と転動体の接触形態などにより軸受内部での摩擦損失が大きくなる傾向があり，高速回転には適していない．

一方，高速性にすぐれたアンギュラ玉軸受は，軌道と転動体が点接触であるため軸受単体での剛性は低いが，複数列を組合わせ定位置予圧で使用することによって剛性を高めることができる．また，予圧量の大小や予圧方式によっても，高速性と剛性の関係に影響する．

具体的に旋盤主軸の軸受配列の例を示したのが，図3である．円すいころ軸受＋複列円筒ころ軸受の組合せで剛性が高く，最近では高速性も要求されるようになってきており，主軸の前側から，複列円筒ころ軸受＋組合せアンギュラ玉軸受＋複列円筒ころ軸受の配列がよく使用される．

一方，高速性，高加減速性が要求されるMC主軸においては，ビルトインモータを内蔵したビルトインモータ主軸（図4）が駆動のロスを減らす目的と高速性を満たす目的で使用されるため，組合せアンギュラ玉軸受4列＋単列円筒ころ軸受の配列がよく使用される．旋盤，MCのいずれの場合も，後側（リア）の円筒ころ軸受は，回転によって発生した熱で膨張した主軸の伸びを後方に逃がす役目で使用している．

つぎにおいては，アンギュラ玉軸受と円筒ころ軸受について，その特徴について説明する．

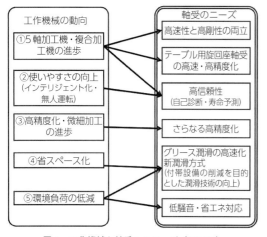

図1　工作機械と軸受へのニーズ（JTEKT）

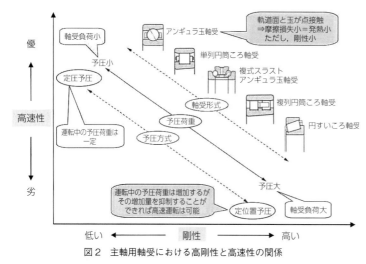

図2　主軸用軸受における高剛性と高速性の関係

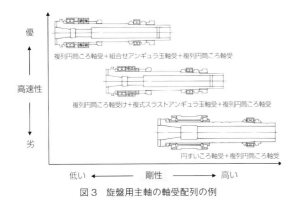

図3 旋盤用主軸の軸受配列の例

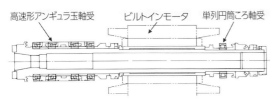

図4 MC用主軸の軸受配列の例

3. 高速主軸対応アンギュラ玉軸受の設計

高速性の実現において，考慮すべき設計項目は次の通りである．

(1) 軸受の設計：① 玉径，② 玉数，③ 軌道の溝曲率，④ 保持器，⑤ 接触角，⑥ 予圧量，⑦ 列数
(2) 潤滑油を軸受の内部へ導きやすくするための軸受軌道輪の工夫
(3) 主軸系の構造：危険速度，冷却方法
(4) 低昇温化技術

軸受の設計において，①玉径と，②玉数に関しては，玉径を小さくすると質量が小さくなるので遠心力の影響を受けにくくなり，高速回転が可能となる．また，玉径が小さくなると玉数を多く入れることが可能となり，玉と軌道の接触部を増すことができ，剛性を上げることが可能となる．

その反面で，玉径が小さくなると動定格荷重が減少し寿命が短くなるというデメリットもある．

③軌道の溝曲率については，溝の半径は玉径に対する割合で表わされ，仮に玉径が10mmで曲率50%とすると溝の半径は5mmとなる．

しかし，この状態では玉の外径が軌道の溝形状と完全に一致し，玉が軸方向に移動できないため，曲率は50%より大きく設計する必要がある．

曲率がさらに大きくなると，玉と軌道の接触する部分は小さくなり，その結果，荷重負荷時の面圧が非常に高くなって圧痕がついたり，寿命が短くなる．

このため，接触面積がある程度小さく，寿命を満足する範囲になるように最適設計を行なうことになる．

④保持器は，玉と玉が直接接触するのを防いでいるが，一方では保持器すべり部の接触による抵抗（発熱）にもなっている．

保持器をどこで案内するかによって，高速性に差が生じる．高速回転すると潤滑油は外側に移動するため，保持器の案内を外輪案内にすることにより，案内部に潤滑油が行きわたり焼き付きにくくなる．

その他，保持器の材料をフェノール樹脂やPPS（ポリ・フェニレン・サルファイド），PEEK（ポリ・エーテル・ケトン）といったエンジニアリングプラスチックを使用して保持器強度や摩擦抵抗を低減する工夫が行なわれている．

⑤接触角，⑥予圧量，⑦列数の影響は，図5に示す通りで，接触角が大きい方が剛性は高いが，高速性は小さくなる．また，予圧量を大きくすると剛性は大きくなるが高速性は低くなる．同様に，列数を多くすると剛性は高くなるが，反面高速性は低くなる．このように，いずれの設計項目も相反する性能を示すことになるので，そのコントロールがポイントとなる．

⑥予圧量，⑦列数の影響について，アンギュラ玉軸受7014Cを具体例として，アキシャル剛性の変化を図6に示す．

このように高速主軸用軸受は，使用条件に対する要求性能に応じてころがり接触部の最適設計を行なう必要がある．このため，軸受の性能に大きな影響を及ぼす玉径，軌道溝半径，接触角などの軸受内部諸元について，発熱の低減と高速性の両面から最適化設計を行

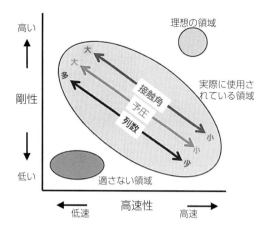

図5 剛性と高速性に対する接触角,予圧量,列数の影響

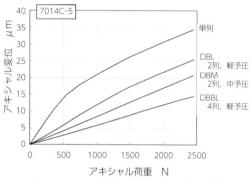

図6 アキシャル剛性に対する予圧,列数の影響

なった.

発熱を低減する設計に関しては,アンギュラ玉軸受が高速回転するとき,内輪と玉との接触部にスピンすべりが発生することから,その接触部の面圧Pとすべり速度Vとの積P・V値が,ころがり接触部の発熱量に直接影響するため,P・V値を小さくすることを指針とした.

一方,高速性を向上する設計に関しては,主軸の危険速度を高くするためには,支持軸受の剛性を高くする必要がある.また,内輪の遠心膨張による軸受内部すきまの詰まりを回避する必要がある.

これらを考慮して最適設計を行ない開発したのが,高性能アンギュラ玉軸受の「ハイアビリーシリーズ」で,そのバリエーションの例を表2に示す.軸受内部諸元の最適化設計とセラミックス玉の採用さらにはオイルエア潤滑法により,軸受のP.C.D.(mm)×回転速度(min^{-1})で定義される$d_m n$値で,350×10^4の超高速主軸が実現されている.

主軸用軸受として高速性,高剛性,環境負荷の低減など多種の要求性能に応じて,表2に示すRタイプ(玉材料は鋼またはセラミックス),玉材料がセラミックスのC,D,Fの4タイプがある.Rタイプは玉径を小さく玉数を多くして剛性を重視した高剛性設計で,玉材料(軸受鋼)の高速限界が従来軸受の約1.3倍に向上し,軸受外輪の温度上昇(室温との差)を20〜30%低減できる.

Cタイプは玉径を大きくしたセラミックスの玉を使用して寿命を重視した高負荷容量設計で,D,Fタイプはともにセラミックスの玉を使用し,オイルの供給方法を工夫して高速性を重視した高速性重視設計のDタイプ,遠心力を考慮してDタイプ以上に高速可能な超高速性重視設計のFタイプがある.

顧客が使用用途に応じて最適なタイプを選択可能で,各軸受とも主寸法をISO規格に準拠しており,軸やハウジングの最小限の設計変更で従来品からの置

表2 主軸用アンギュラ玉軸受の特徴

軸受の種類		接触角	許容回転速度($d_m n$値)		剛性	用途・玉材料
			グリース	オイルエア		
標準型		15° 30° 40°	$65〜85$ $\times 10^4$	$85〜130$ $\times 10^4$	○	・主軸 ・モータ ・その他,一般
高速型	ハイアビリーシリーズ	Rタイプ	15° 20° 30°	$75〜140$ $\times 10^4$	$95〜230$ $\times 10^4$	○	・主軸 ・モータ/ 鋼・セラミックス
		Cタイプ	15° 20°	140 $\times 10^4$	230 $\times 10^4$	○	・主軸 ・モータ/ セラミックス
超高速型		Dタイプ	20°	—	250 $\times 10^4$	△	・超高速主軸/ セラミックス
		Fタイプ	20°	—	350 $\times 10^4$	△	・超高速主軸/ セラミックス

表3 セラミックスと軸受鋼の特性

項目	単位	セラミックス(Si$_3$N$_4$)	軸受鋼(SUJ2)
耐熱性（大気中）	℃	800	120
密度	g/cm^3	3.2	7.8
線膨張係数	K^{-1}	3.2×10^{-6}	12.5×10^{-6}
ビッカース硬さ	HV	1,300〜2,000	700〜800
縦弾性係数	GPa	320	208
ポアソン比	——	0.29	0.3
熱伝導率	W/(m・K)	20	41.9〜50.2
耐食性		良	不良
磁性		非磁性体	強磁性体
導電性		無（絶縁体）	有（導電体）
素材の結合形態	——	共有結合	金属結合

換えを可能とし，既存機種の性能向上にも対応可能である．

これまでの高速化対応の軸受設計のなかで，1984年に開発した「セラミック軸受（転動体にセラミックスを採用）」は，アンギュラ玉軸受の高速主軸対応に大きく貢献した．

セラミックスの特性（表3）である小さな線膨張係数と密度によって，転動体の熱膨張量を減少させるとともに転動体に作用する遠心力も軽減し，予圧荷重の増加の抑制に貢献した．さらに，セラミックスは縦弾性係数が大きく，軸受単体剛性の向上にも寄与した（当社比で約1.1倍に向上）[2]．

従来は内外輪と転動体は同じ軸受鋼が使用され，いわゆる「ともがね」の組合せであり，玉の材料をセラミックスにすることで，軽量化，高剛性化のほか，耐焼付き性が大幅に向上した．

同時に，オイルエア潤滑の普及と併せて定位置予圧での高速化を大幅に進展させ，MC主軸において「高剛性」と「高速性」の両立が実現された．

4. 軸受の予圧

予圧は軸受設計の重要なポイントで，予圧付加の目的は以下の通りである．
① ラジアル，アキシャル方向の位置決め精度の向上
② 軸の振れを抑え，回転精度を向上
③ 転動体のすべりを抑制
④ 振動，共振による異音の発生を防止
⑤ 軸系の剛性の向上

予圧を付加する方法には定位置予圧と定圧予圧の2通りがあり，それぞれの荷重-変位特性を図7に示す．

定位置予圧は，軸受や間座で予圧量を調整して組付ける方法で，主軸の構造は簡単になり，剛性は高いが，運転中の温度上昇によって予圧荷重が大きく変化する

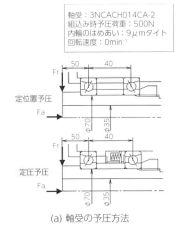

(a) 軸受の予圧方法

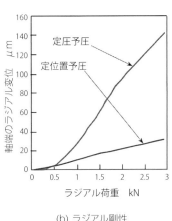

(b) ラジアル剛性

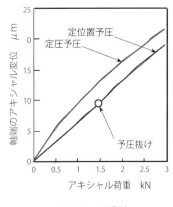

(c) アキシャル剛性

図7 定位置予圧と定圧予圧

ため高速性は劣る．

定圧予圧は，ばねあるいは油空圧シリンダを軸受の間に配置し，回転速度が変化しても一定の予圧量を保持し続ける方法で，運転時の温度上昇に影響されず予圧荷重が一定で高速性は高いが，構造が複雑となり剛性が定位置予圧に比べて低くなる．

いずれの場合も予圧の管理が重要となる．定位置予圧では，軸と内輪のしめしろ，軸受のアキシャルすきま，内輪締め付け力，外輪押えプレートの押え量などの管理が必要となる．

組込み状態が適正であるかどうかの確認方法としては，主軸をインパルスハンマでたたき，FFT（高速フーリェ変換）を用いて固有振動数で確認する方法，主軸に前側からアキシャル荷重 Fa を負荷し，計算値通りに変位するか，また荷重を抜いたときに測定位置がゼロにもどるかどうかで確認することができる．以前は起動トルクの測定により確認していたが，高速主軸では起動トルク値が相対的に小さく，測定にはノウハウが必要となり，再現性の問題もあり，あまり推奨はできない．

定圧予圧では，ばねや油空圧が確実に作用し予圧荷重が適正か，軸受外輪がスムーズに摺動しているか確認が必要となる．

5．オイルエア潤滑とグリース潤滑

潤滑はオイル潤滑とグリース潤滑に大きく区分され，潤滑方法として強制循環給油，ジェット潤滑，オイルエア潤滑，噴霧（オイルミスト）潤滑，グリース潤滑がある．

これら潤滑法のなかで，一般に高速性が重視される場合にはオイルエア潤滑が採用され，比較的低速回転でコストや取扱い性および環境負荷の低減が重視される場合にはグリース潤滑が採用される．

確かにオイルエア潤滑は安定した高速性が保証されるものの，エアの消費量が大きく，エア騒音や油煙などが発生するため，省エネルギ・環境負荷低減の観点から，オイルエア潤滑からグリース潤滑への切替えな

ど，環境を意識した取組みがなされている．

オイルエア潤滑（図8）とは，一定量に管理された極微量（0.01～0.03ml）のオイルを間欠的（2分から20分程度の間隔）に送り出し，圧縮エアとともに各軸受に供給する潤滑方法である．オイルエア潤滑は強制循環給油やグリース潤滑に比べ撹拌抵抗が少なく，圧縮エアによる空冷効果もあるため高速回転に適している．

しかしながら，オイルエア潤滑は圧縮エアで外部よりオイルを軸受内部に供給するという特性上，供給されたオイルエアがすべて軸受内部に到達する潤滑ではない．それは，高速回転になるとオイルエアの吐出口と軸受の間には図8拡大図に示すようなエアカーテン（空気の壁）が発生し，オイルエアの一部を跳ね返し，内部のころがり接触部への供給効率が下がることになる[3]．

そこでオイルエア潤滑でのエアカーテンの影響を避け，より効率よくころがり接触部への潤滑油の供給を可能とするため，各種の軸受設計上の工夫がなされて

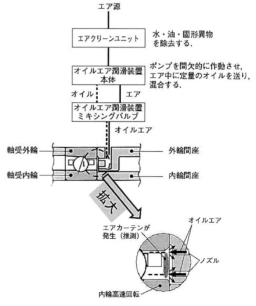

図8 オイルエア潤滑システムの概略

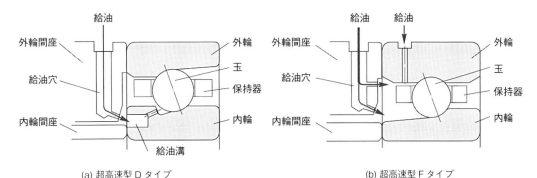

(a) 超高速型 D タイプ　　　　　(b) 超高速型 F タイプ

図 9　超高速アンギュラ玉軸受のオイルエア潤滑

きた．

表2に示したR,Cタイプの軸受は従来軸受と同様にグリース潤滑またはオイルエア潤滑の両方の潤滑方法で使用できる標準タイプであるが，さらに高速回転で使用できるオイルエア潤滑専用タイプとして図9に示すD,Fの2タイプがある．これらの軸受は高速回転時に発生するエアカーテンの影響を考慮して開発した軸受形状を採用している．

Dタイプ軸受は軸受内輪側面に設けた溝から軌道部分へオイルエアを直接供給する構造であるため，エアカーテンの影響を受けにくく，従来のオイルエア潤滑に比べてエア流量を20%削減することが可能である（図10）．さらに図11に示すように，玉による風切音も約7 dBA音圧が低下しており，これらの特徴によって省エネルギーや低騒音化に大きな効果を発揮できる．

Fタイプ軸受は従来の軸受側面からの給油に加えて，外輪に設けた給油ノズルから保持器案内面にオイルエアを供給する超高速回転用軸受である．すべり接触である保持器案内面では急加減速時や超高速回転時には，保持器の挙動が不安定になりがちであった．しかし，外輪ノズルからオイルエアを供給することで保持器の挙動を安定させることができ，図12に示す通り従来はジェット潤滑など多量油潤滑下でなければ対応できなかった$d_m n$値330万を，オイルエア潤滑で実現でき，すぐれた高速性能が確認された．

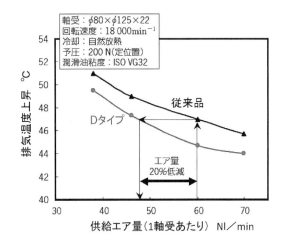

図 10　供給エア量と排気温度の関係

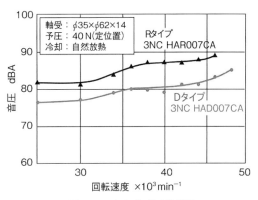

図 11　Dタイプの騒音特性図

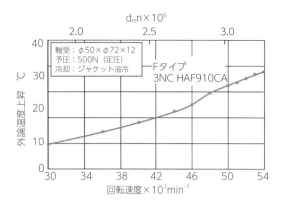

図12 Fタイプ軸受の昇温特性

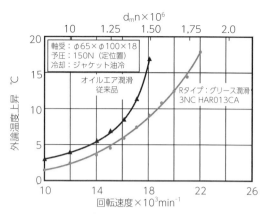

図13 Rタイプ軸受（セラミックス玉）の昇温特性

近ごろ，環境対応技術の一環として，従来のオイルエア潤滑からグリース潤滑への切換えが進められている．グリース潤滑は高速性に難があり，温度上昇が大きくグリース寿命が短いなどのデメリットがあったが，アンギュラ玉軸受の進歩とともに，グリースの種類や量，封入場所も改良されてきた．

図13 はセラミックス玉を使用したRタイプ軸受をグリース潤滑条件下で，オイルエア潤滑条件下における従来軸受の昇温特性と比較した結果である．図から，従来軸受ではオイルエア潤滑が必要であった領域を，ハイアビリー軸受ではグリース潤滑で使用可能であることが確認でき，オイル飛散防止による環境負荷の低減，潤滑装置廃止によるコスト低減などに対しても効果がある．Rタイプに関しては，適正量のグリースを封入済みのシール付タイプもラインナップしている．

さらに，グリース潤滑の高速，長寿命への取組みとして，図14 に示すグリース溜り間座付き軸受がある．高速回転においてグリースからでる油分の不足によって焼付きを生じる不具合を，グリース溜りを軸受の側面に設けることで回避し，その結果，グリース溜りがあることによって軸受寿命が2倍以上に向上した実験結果が得られている．

6. 高速対応円筒ころ軸受

円筒ころ軸受は前出図4 に示した MC 主軸の後側

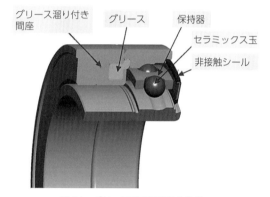

図14 グリース溜り間座付き軸受

（リア）軸受に多用され，主軸の熱膨張による伸びを許容する目的で選定される．円筒ころ軸受に作用するラジアル荷重は主軸自重だけで小さいため，内輪側につばのある N タイプ単列円筒ころ軸受が使用される（図15）．

しかしながら，前述のアンギュラ玉軸受とは異なり，内輪－ころ－保持器－外輪間でのころがり・すべり接触による発熱が大きく，しかも円筒ころ軸受は一般的に潤滑油の排出性が悪いため，油の撹拌抵抗により低速回転領域で昇温が不安定になる場合がある．このため新しい開発品では，高速回転条件下での発熱が大きいころ案内方式を外輪案内とし，保持器材質は強度的に問題のあった従来のポリアミド樹脂に比べ，より高

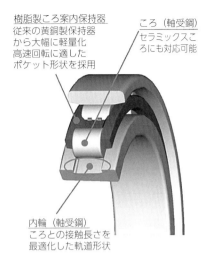

図15 円筒ころ軸受

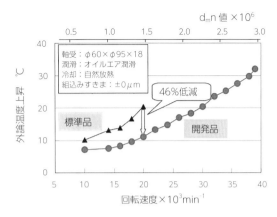

図16 円筒ころ軸受の昇温

速回転に適した軽量,高強度のPEEK樹脂を採用し,さらに高速回転時にネックとなる保持器ところの接触部については,潤滑剤の供給性を考慮して保持器ポケット内のころの当たり形状を最適化して,摩擦の低減と低温度上昇を実現した[4]。

開発品と標準品(ポリアミド製ころ案内保持器)の昇温の測定結果を図16に示す。図から開発品の外輪温度上昇は,各回転速度下で標準品と比較して約46%低くなっており,標準品の限界回転速度が$d_m n$値150万で,これ以上の高速回転時に焼付きが発生したのに対し,開発品は$d_m n$値300万の高速回転が可能となり高速性の向上が確認された。

また,ころの材質を軸受鋼SUJ 2からセラミックスSi$_3$N$_4$にした場合,セラミックスの線膨張係数が小さいことにより,発熱による軸受転動体荷重の増大を抑制する効果や,また,比重が小さいため,遠心力による転動体荷重の増大を抑制する効果があり,軸受鋼ころと比べ昇温が低く,高速性と低昇温化の効果が認められた。

最後に,軸受の異常状態の原因と対策を表4にまとめたので参考にして頂きたい。

< 参考文献 >
1)林祐一郎:工作機械用転がり軸受の技術動向,JTEKT Engineering Journal No.1005 (2008),p.57
2)東本修:工作機械の動向と工作機械主軸用軸受の取組み,JTEKT Engineering Journal No.1001 (2006),p.97
3)林祐一郎,大西良:工作機械主軸用軸受の低昇温化への取り組み,JTEKT Engineering Journal,No.1012 (2014),p.57
4)鈴木数也,松榮慎二ほか:工作機械主軸用低昇温高速軸受の開発,JTEKT Engineering Journal,No.1010 (2012),p.58

表4 軸受の異常状態の原因と対策

事象		原因	対策	備考
温度上昇	過大	潤滑油量過少	グリース封入量，オイルエア吐出量を再確認 オイルエア配管の漏れ有無などを再確認	金属音を伴う場合が多い グリース潤滑で通常運転中に発生した場合はグリース劣化，流出などの可能性も考えられる
		潤滑油量過多	グリース封入量，オイルエア吐出量を再確認	グリース潤滑の場合はなじみ運転不足の可能性も考えられる
		アンギュラ玉軸受：予圧過大 円筒ころ軸受：負すきま大	軸受アキシアルすきま，組付け条件確認	
		組付け精度不良	ミスアライメントなどの確認	軸受組替えを行なう場合は，分解後，部品精度の確認が必要
		冷却不足	所要冷却能力の確認	
		外的要因	ベルトテンション過大，ビルトインモータ発熱大，カップリングの心ずれの有無などを再確認	
		軸受劣化	軸受交換	トルク上昇を伴う場合が多い
	不安定	オイルエア潤滑：排気不良 グリース潤滑：なじみ運転不足	オイルエア排気経路の再確認	オイルエア潤滑で排気口から間欠的（不定期）にオイルが噴出する場合は，排気（排油）不良が考えられる．
騒音	金属音	潤滑油量過少	グリース封入量，オイルエア吐出量再確認 オイルエア配管の漏れ有無などを再確認	温度上昇過大を伴う グリース潤滑で通常運転中に生じた場合は，グリース劣化・流出などの可能性も考えられる
	連続音	回転体と非回転の接触，干渉	ラビリンスなど取付け部品の状態確認	通常運転中に生じた場合は，経時的な不具合の2次的現象である可能性が考えられる
		軸のアンバランス，回転精度不良など	軸のバランス調整，回転精度再調整など	ブーンという音を伴う 通常運転中に生じた場合は，経時的な不具合の2次的現象である可能性が考えられる
		軌道面の面荒れ，圧痕	異物のかみ込み，はくり，過大荷重の作用⇒軸受交換	発生要因の対象がなければ，繰り返し発生する可能性がある
	不連続音	保持器音，予圧抜けによるすべりの発生	予圧過小⇒軸受アキシアルすきま確認，組付け条件確認	
振動		軸のアンバランス	軸のバランス調整，回転精度再調整など	
		円筒ころ軸受のラジアルすきま過大	軸受ラジアルすきま確認，組付け条件確認	内径テーパ穴軸受では軸ナットのゆるみの可能性も考えられる また，摩耗が進行している場合もある
		軌道面の面荒れ，圧痕	異物のかみ込み，はくり，過大荷重の作用⇒軸受交換	

9 リニアガイドの特性と最新技術

1. リニアガイドの誕生

1972年に原型が開発された直動ころがり案内（以下，リニアガイドとする）は，現在では必要不可欠な機械要素部品として，多様な分野の装置で利用されている．産業機械分野における主な使用用途としては，工作機械，半導体製造装置，液晶製造装置，搬送装置，ロボットなどが挙げられる．一方，民生分野におけるリニアガイドの主な使用用途は，免震装置，鉄道車両，自動ドア，医療機器などがある．

このように，リニアガイドが産業機械分野から民生分野まで広く利用される理由として，許容荷重が大きく高剛性，取付け面の誤差を吸収する精度平均化効果，低い摩擦係数，そして豊富なオプションといったリニアガイドの特徴が，多くの用途で認められてきたことが挙げられる．

また，つねに市場ニーズを見据えた新技術の研究，新製品の開発を行なってきた結果が，多くのユーザーに受け入れられたと考えられる．ここでは，THK におけるリニアガイドの開発経緯と最新技術について解説する．

2. リニアガイドの開発経緯と特徴

リニアガイドの歴史は，1972年に開発された**図1**の「LSR 型」から始まる．「LSR 型」はボールスプラインの外筒の一部を切断し，シャフトを台座にボルト締結する構造であったため，剛性，精度面においてユーザーの要求を十分に満足させる製品ではなかった．

1973年にリニアガイドレールが一体構造の NSR 型が開発され，ユーザーが要求する剛性，精度を満足しさらにコンパクト化を可能にした．

当時，工作機械のテーブル送り案内面には，すべり案内面が主流で，剛性，精度などの面でころがり案内は不向きとされていた．しかし，1978年にカーネイ＆トレッカー社（K＆T社：米国）がリニアガイド「NSR-BC 型」（**図2**）をマシニングセンタ（以下，MC とする）「MM180」に初めて採用した．

これを契機として，日本と欧州の主要工作機械の案内面として，ころがり案内が普及し始めた．その後，リニアガイドはユーザー要求に応じて軽量化，高防塵化，高剛性化が進められ，図3に示すように継続的に開発が進められてきた．

(1) リニアガイドの詳細構造

リニアガイドはレール，ブロック，転動体，エンドプレートで構成されている（**図4**）．転動体は，レー

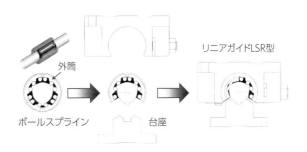

図1　リニアガイド「LSR 型」の誕生

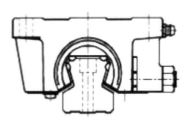

図2　リニアガイド「NSR-BC 型」

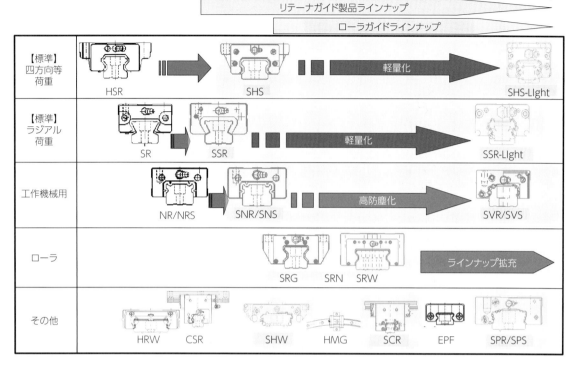

図3 リニアガイドの開発経緯

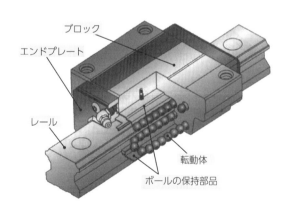

図4 リニアガイドの構造

ルとキャリッジの転動面の間をころがり，ブロック端部でエンドプレートによってすくいあげられ，循環路を通って再び転動面に送り込まれる．このように転動体が無限循環運動を行なう構造となっているため，レールをつなぎ合わせれば同方向への無制限の直線運動が可能となる．

(2) リニアガイドの特徴

リニアガイドには，つぎのような特徴がある．
① 大きな省エネルギー効果

レールとブロックの間でボールがころがって運動するので摺動抵抗が減少し，軽く動くことができ，稼動に必要なエネルギーを低減できる．
② 指令通り正確に停止

すべり案内に比べて軽く動くので，微細な位置決めが可能である．

③取付けが簡単

リニアガイドは，使用時と同様に取付けた状態で仕上げ加工や検査を行なうので，手順に従って取付けるだけで簡単に精密な直線運動が実現できる．

④大きな許容荷重

転動溝があるころがり案内は，転動溝がない案内に比べて，荷重を受けた際のボールの接触面積が大きいため大きな荷重を分散できる．それによって転動溝があるリニアガイドは，コンパクトな設計が可能となる．

⑤高剛性

金属を加工する機械に使われるリニアガイドは，きれいな加工面が得られるように加工時の切削負荷による変位量を小さく抑える必要がある．このため，オーバサイズのボールを組み込んで予圧をかけることで，すきまをマイナスにする．予圧を利用することでリニアガイドの剛性が向上し，荷重による変位量を小さく抑えることができる．

⑥高速性

ころがり案内は，すべり案内に比べて運動に伴う摩擦熱が生じにくいので，熱による変形がベースやテーブルに生じにくく，高速運動に適している．

⑦メインテナンスが容易

金属同士が接触して運動する部分には，潤滑油などの潤滑剤を供給しないと凝着や摩耗などを生じ使えなくなる．リニアガイドは，すべり案内に比べ運動部分の接触面積が狭いので，少量のグリースや油の供給で十分である．また，最近では潤滑剤の供給間隔を大幅に延長する潤滑装置も開発されている．

⑧寿命計算が可能

リニアガイドは回転用の軸受と同様に，寿命を計算で予測することができる．

⑨取付け面の誤差を吸収

レール取付けに誤差があってもそれを吸収して軽く動く，サーキュラアーク溝2点接触構造を持つリニアガイドがある．とくにこのようなリニアガイドには，

1本のレールにブロック複数個付きのものを複数列ならべて使用すると，平均化効果により各レール取付け面の凹凸が平均化され，取付け後の直線運動精度が向上する特性がある．

ブロック2個つきのリニアガイドを2セット並べて使用した場合には，取付け後の直線運動精度は取付け面精度の1／3〜1／6になる．この平均化効果を利用することにより，容易に高い運動精度を持つ案内構造を実現することが可能となる．

これらのように，リニアガイドには数多くの利点がある．特性の異なるバリエーションが多数用意されているため，設計者はサイズや寿命，剛性など用途に応じたリニアガイドを選定することが重要である．

(3) リテーナ技術

最近のリニアガイドには，リテーナ（転動体保持器）と呼ばれる部品が組込まれているものがある（図5）．リテーナとは，個々の転動体が互いに接触することなく滑らかに回転するように転動体を保持するもので，連結タイプとセパレートタイプがある．

リテーナが組込まれているリニアガイドでは，転動体同士の相互摩擦や衝突がなく，かつ転動体が均一に整列して循環する．また，リテーナと転動体の間に潤滑剤が保持される効果も持っている．この結果，リテーナのないリニアガイドと比較した場合，長期メインテ

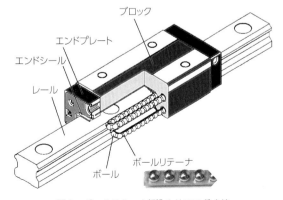

図5　ボールリテーナ組込みリニアガイド

ナンスフリーの実現や走行音の静音化，より滑らかな動きといった効果が実現される．

(4) 直線運動案内の使用例

横型 MC にリニアガイド（ローラガイド）を使用した例を図6に示す．切削加工機の主力である MC には，正確に加工するための高精度な位置決めや，高い切削反力に打ち勝つためには，高剛性の案内が必要となる．

現在の工作機械は，X，Y，Z軸の3軸 MC だけではなく，テーブルまたは主軸に傾斜軸と回転軸が加わった5軸 MC や複合加工機なども注目されている．工作機械に対するユーザーの要求は，超微細加工や難削材加工などにも及んでおり，このような要求にリニアガイドとして応えるためには，さらなる高剛性化・高精度化が必要となる．また，工作機械メーカーからは切りくずやクーラントなどが存在する環境下においても，機能不全を起こさない防塵性の向上したリニアガイドが要求されている．

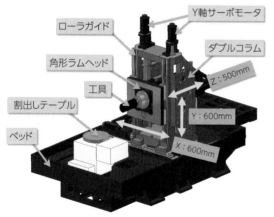

図6 直線運動案内の使用例(OKK)

(5) 高防塵・高剛性・高精度への対応

(1) 高防塵

工作機械では，加工性を考慮した多様な種類のクーラント（切削油剤）が使用されている．リニアガイドでは，クーラントの侵入により内部の潤滑剤が流されないようにすることや，切りくずなどの異物侵入によるダメージを少なくすることが重要である．

(2) 高剛性

加工効率を上げるためには，工作機械の剛性を上げることが重要である．しかし，ころがり案内を採用することは，軽く動く利点はあるが，剛性が低下する可能性がある．軽く滑らかに動き，かつ剛性のあるリニアガイドが，工作機械にとって必要となる．

(3) 高精度

工作機械における高精度とは，指令値に対して正確な加工が可能であり，加工面の平面度，表面粗さ，外観など，高い加工面品位を実現することである．これらの工作機械用リニアガイドに要求される各要件について，最新技術を紹介する．

3. 高防塵タイプ

工作機械に使用されるリニアガイドでは，切りくずやクーラントの侵入がとくに懸念される．切りくずがリニアガイドのブロック内に異物として侵入した場合，転動体が異物を噛み込むことにより，異常に高い面圧が発生する可能性がある．また，ブロック内へのクーラントの侵入は，リニアガイドに必要なオイルやグリースなどの潤滑剤を流出させることにつながる．

これらはリニアガイドの機能を阻害する大きな要因となるため，リニアガイドには各種の防塵オプションを準備し，ブロックに取付けることで異物侵入を防いでいる．

しかしながら，非常に過酷な環境でのリニアガイドへの異物侵入経路は，ストローク方向のみならず，ブロックの上面，側面，底面方向などさまざまである．そのため，あらゆる方向からの異物に対する防塵性能

を向上する必要があり，防塵オプション群を揃えた工作機械向けリニアガイドとして「SVR/SVS型」(図7)を製品化している．

リニアガイドのストローク方向からの異物侵入を防ぐ場合には，エンドシール，積層形接触スクレーパ「LaCS（ラックス）」，金属スクレーパ（非接触）の防塵オプションが用意されている．リニアガイドの底面・側面からの異物侵入（図8）を防ぐためには，サイドスクレーパなどで対応でき，「SVR/SVS型」の防塵オプションを図9に示す．

とくに「SVR/SVS型」では，リニアガイド本体とこれらのオプション部品の接合面を覆うプロテクタを新たに開発しラインアップしている．このプロテクタは，金属スクレーパの機能を兼ね備えており，エンドシールや接触スクレーパ「LaCS」等を覆い，微細粉や液体等の異物が存在する過酷な環境下においても，異物の侵入を最小限に抑えることが可能である．

リニアガイドでは，これらの防塵オプションを最適に組み合わせることにより，必要に応じた高い防塵性能が実現できる．その効果を検証するため，「SVR/

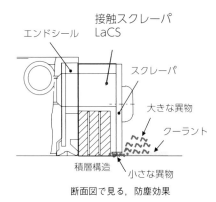

断面図で見る，防塵効果

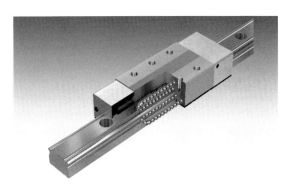

図7 リニアガイド「SVR/SVS型」

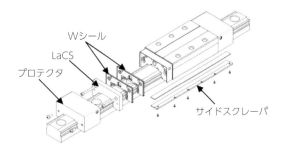

図9 リニアガイド「SVR/SVS型」の防塵オプション

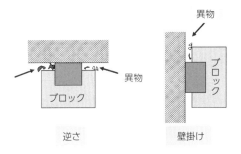

図8 逆さ，壁掛け姿勢の異物侵入経路

表1 異物混入の試験条件

項目	内容
試験品	SVS45LT1C1KKHHYY+2880LP × 2set
最高速度	200m/min
ストローク	2500mm
封入グリース	THK AFB-LF グリース
環境条件 異物	種類：ハイクリーンパウダ 125メッシュ（アトマイズ粉）
	散布量：0.4g/20min
環境条件 クーラント	水溶性クーラント
	散布量：0.2cc/10s

9 リニアガイドの特性と最新技術

図10 「SVR/SVS型」の異物耐久試験

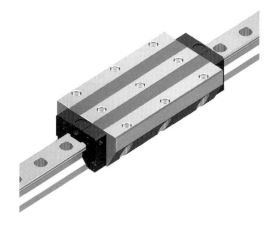

図11 「SRG型」超ロングブロック

SVS型」に微細粉とクーラントを散布しながら耐久試験を実施した．試験条件を**表1**に，3000km走行時のようすを**図10**に示す．加速試験として，意図的に多量の異物やクーラントを散布しているが，このような過酷な試験条件下においても「SVR/SVS型」は，リニアガイドの安定した機能を維持していることがわかる．

4. 高剛性タイプ「SRG型」

工作機械用のリニアガイドとして，ボールの転動体からローラ化が進み，ローラガイド「SRG型」が受け入れられ，ユーザーへの浸透が進んでいる．また，工作機械においては，これまで以上の高性能かつ低コスト化が求められており，このようなニーズに対応するため「SRG型」の製品構成を拡充した．

(1) 超ロングブロック

標準ブロックに対し，ブロックの金属部長さを約1.8倍にした超ロングブロック（**図11**）を，新しく製品構成に追加した．

ブロックの金属部長さを伸ばすことにより有効転動体数が増え，基本定格荷重の増加と高剛性化を進めている．各サイズにおける基本動定格荷重を**図12**に示す．また，「SRG45」型におけるブロック長さの違いによるラジアル方向剛性の比較を**図13**に示す．

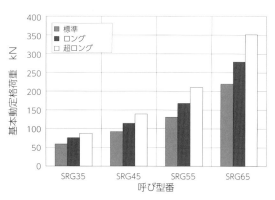

図12 「SRG型」の基本動定格荷重

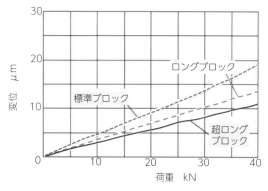

図13 「SRG45型」のラジアル方向剛性

基本動定格荷重，剛性ともに超ロングブロックは，リニアブロック長さに応じた性能が得られており，とくに基本動定格荷重は1サイズ大きい呼び型番の標準ブロックと同等の値を確保している．

このため，これまで「SRG55」の標準ブロックを使用していた機械について，「SRG45」の超ロングブロックを使用するといった選択が可能となる．今後，工作機械におけるコスト競争力強化にリニアガイドが貢献するためには，このようなダウンサイジングを活かしたコストダウンも提案したいと考えている．

(2) 防塵オプション

「SRG型」では防塵オプションについても，サイドスクレーパとプロテクタを，新たにラインアップしている（図14）．

「SVR/SVS型」で前述したように，これら防塵オプションのラインアップを拡充することで，在来のオプションのみでは対応が困難であった微細粉やクーラントなどの異物に対し，ブロック内への侵入を最小限に抑えることが可能である．

5. 高精度タイプ「SPR/SPS型」

図15はリニアガイドの運動精度（テーブルの上下方向変位）の測定例で，真直度誤差に加えて微小なリップル成分が含まれている．これは転動体であるボールが，レールとブロックの転動面の間をころがり，ブロック端部で循環部品によってすくい上げられ，ブロック内の循環路を通って再び転動面に送り込まれときに発生する転動体通過振動であり，ウェービングと呼ばれている．

このウェービングは転動体直径の2倍の波長で発生する変動で，このほか，レール取付けボルトのピッチにほぼ等しい波長で発生する変動が，現われる場合もある．

高精度の加工面品位が要求される金型加工や微細加工においては，このころがり案内特有のウェービングの発生が大きな課題であった．このウェービングを極限まで小さく抑えるために開発したのが「SPR/SPS型」リニアガイド（図16）で，従来は静圧案内を適用することが一般的であったナノメートルオーダの運

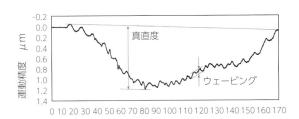

図15　リニアガイドの運動精度

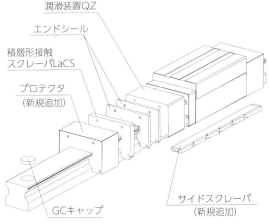

図14　「SRG型」のオプション構成

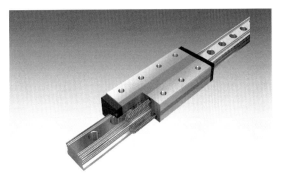

図16　「SPR/SPS型」リニアガイド

動精度が，要求される超精密加工機にも使用されている．

超低ウェービングを実現した「SPR/SPS 型」の特徴をつぎに示す．

①小径ボール，超ロングブロックの採用

ウェービングの原因は，ブロック内を転動体が移動し，力のバランスが変化することにある．そこで小径ボール，超ロングブロックを採用して，有効ボール数を多くすることにより，ブロック内の転動体の移動により起きる力のバランス変化を小さくしている．

②8条溝の採用

小径ボールを使用し，有効ボール数を増やすことは高剛性化，低ウェービング化に有効である．しかしながら，ボール径を小さくすることは基本定格荷重の低下につながる．このため「SPR/SPS 型」は，従来4条である転動溝を2倍の8条とし，かつ超ロングブロックの採用により，従来リニアガイドと同等の基本定格荷重を確保した（図17）．また条数の増加により有効ボール数が約2倍に増えるため，ボール1個当たりの負荷が大幅に減少し，さらなる高剛性化，低ウェービング化を可能としている．

リニアガイドの一般的な使い方である「2レール，4ブロック」で構成される1軸テーブルを製作し，「SPR/SPS 型」のウェービングを検証した結果を図18に示す．測定は，テーブル中央部に固定した非接触変位計とベース側より設置した直定規を用いて，テーブルの上下方向変位を測定したものである．

なお，ストローク300mmにわたって測定し，ウェービングが大きく生じている20〜50mmの範囲を拡大して示している．

図18のウェービング測定結果より，「SPR/SPS 型」を用いた1軸テーブルのウェービングは，0.009 μm という在来のリニアガイドでは実現が困難なナノメートル台の結果が得られている．

また，テーブルの駆動にコアレス・リニアモータを用い，案内部に「SPR/SPS 型」を用いた1軸テー

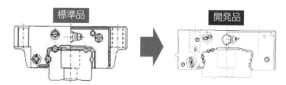

図17 「SPR/SPS 型」の条数増加

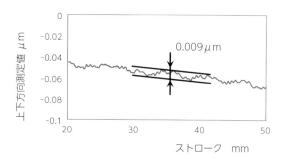

図18 「SPR/SPS 型」のウェービング

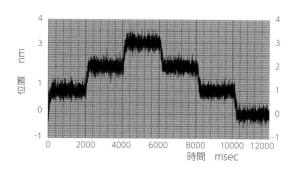

図19 1 nm ステップ送り

ブルについて，nm 単位の送り指令に対する検証を行なった．本テーブルにおいて，送り指令を1 nm のステップ送りとした結果を図19に示す．「SPR/SPS 型」は，ボール径に近似したサーキュラアーク溝に適度な予圧を与えており，本測定結果より nm 単位の送り指令に対して高い追従性が得られていることがわかる．

リニアガイドを用いたころがり案内は，静圧空気案内に比べメインテナンス性，再現性，組付け性などに優れている．また，リニアガイドの転動体は鋼球であるため，エアスライドに比べて圧倒的に剛性が高く，

外力の変動や駆動用のケーブル類といった外乱要素の影響を受けにくい．そのため，駆動部や周辺環境まで含めた装置全体での高精度化およびコストダウンに貢献できると考えている．

また，従来の「SPR/SPS型」のラインアップは，呼び形番#25～45であったが，従来から主としてエアスライドが使用されていた精密測定機や検査装置にも対応するため，より小型の型番（呼び型番#15，20）も，新しく開発されている．

6. 大型機械への展開

工作機械向けのリニアガイドを中心に最新技術を紹介したが，ほかに大型の加工機や設備を対象とした製品も開発されている．たとえば，

① リニアガイド：つなぎなしリニアガイドレール最大長さ7000mm
② ボールねじ：ねじ軸最大長さ14000mm
③ ボールスプライン：スプライン軸最大長さ4000mm
④ クロスローラリング：最大外径3000mm
⑤ Rガイド：最大曲率半径6000mm

などがある．とくに大型の機械では，このような製品を用いて案内部や駆動部のころがり化を図ることで，機械や設備の電動化，省エネルギー化へ大きく貢献できるものと考えている．

10 加工機の自動化／周辺技術・制御技術

1. 周辺技術の必要性

　工作機械は基本的には，機械本体とその制御のためのNC装置，それにATCやAPC，切削剤供給装置，切りくず処理装置などの周辺装置や補機から構成されている．

　しかしながら，これらの基本的な構成だけでは，加工の内容によっては工作機械本来の高精度，高能率な自動加工ができない場合も多く，このため自動化，無人化，高能率化のために数多くの周辺技術や各種機能が開発されてきた．

　とりわけ長時間無人運転指向の強いマシニングセンタ（以下，MCという）においては，工作機械自体の加工安定性のみならず，ソフトウェアなどの周辺技術をも含めた，総合的な加工システムとしての信頼性向上が求められてきた．

　加工システムの自動化・無人化を実現するには工作機械の主要構成要素だけでなく，工具・ツーリングや切りくず処理，切削油剤処理などの周辺装置，さらには作業者にとって代わりうる種々の認識，判断，修正の機能を持った周辺技術や機能の開発が必須となる．

　参考までに，1980年代当時におけるMCの運転監視と自動制御に関して，無人運転に必要な諸機能をまとめたものを表1に示す．これらの多くは実用に至っているが，現在の技術レベルと比較し，その背景と開発経緯を理解することが工作機械技術の将来予測にとって有益であろう．

　最近の工作機械の開発動向についてみれば，省力化・無人化の社会的背景に加えて，加工精度に対する要求も一段と高度なものとなってきており，連続的な加工

表1　無人運転MCに必要な諸機能[1]

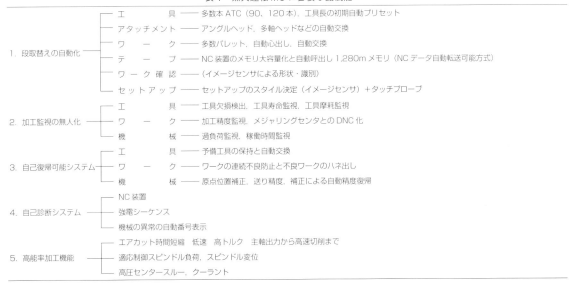

表2 自動化周辺技術

プログラム支援技術	対話型自動プログラミング，工具軌跡表示，シミュレーション機能，衝突防止機能，音声ナビゲーション機能，マニュアルガイド
省段取り・無人化対応技術	多連マガジン・パレット管理機能，工具・ワーク管理機能，生産計画管理
高速高精度化対応技術	工具・工作物自動計測，熱変位補正（主軸伸び，ボールねじ伸び，姿勢変化），高速高精度機能，反転突起自動調整，制振自動調整，主軸アンバランスチェック機能，テーブルアンバランス検知機能，重量バランス調整，適応制御機能，オートチューニング，サーボ性能最適化機能，5軸制御機の幾何誤差自動補正
加工状態監視技術	主軸負荷監視，工具寿命管理，工具振れ検知機能，異常検知機能，保守監視機能，エアカット，適応制御機能，びびり振動抑制機能，加工条件探索機能
加工支援技術	加工モニタリング機能，自動再開機能，ネットワーク機能，稼働状況管理，加工時間分析，メインテナンス情報，故障・リモート診断
環境・安全対応技術	省エネルギー運転モード，非加工時の省電力モード，省エネルギ監視，高効率機器の採用，ボールねじ・リニアガイドの廃油レス潤滑，ドライ・MQL加工，切りくず処理，切削油剤管理，油圧レス，安全監視，インターロック機能

プロセスの監視と診断により保障された信頼性の高い加工プロセスの維持管理が必須となっている．

ここでは，周辺技術とは高速化・自動化・高精度化のための補助機能もしくは支援技術と定義し，それらの目的とするところは高精度化，高速化，無人化，生産性向上，信頼性向上，安全性確保などで，加工の内容および工作機械の種類や仕様によって多種多様の周辺技術が開発実用化されてきた（表2）．

そこでここでは，周辺技術として工作機械精度と，加工精度向上に大きく寄与してきた自動計測補正技術，それに加工システムとしての信頼性向上に必須の加工状態監視機能に限定して説明する．

2. 工作機械における計測と制御

図1は工作機械における計測と制御の流れを示したもので，各プロセス（ブロック）において入力と出力，さらには誤差要因となる外乱因子が示されている．

すべての制御因子が理想的に正常に作動した場合には，加工命令と加工精度は1対1の対応となるが，現実には種々の外乱が影響して，期待した加工能率や加工精度が得られないケースが発生する．このため加工プロセスにおいては，各種の計測装置や監視装置によって，誤差や外乱を未然に防止することによって，生産プロセスの信頼性を確保することが重要となる．

図2は計測の対象と計測項目，さらには計測目的の関係を示したものである．計測の対象としては，工作機械，工具，工作物そして加工プロセスの4項目に分類される．

これらのうち，計測対象として最も直接的なものは，図1に示されるように，入力に対して最終の出力とな

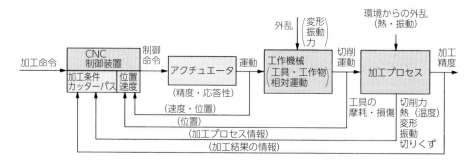

図1 工作機械における計測と制御[2]

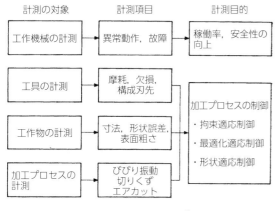

図2 計測項目と目的[3]

る寸法・形状精度，表面粗さなどで代表される工作物の品質である．工作機械の故障のケースを除外すれば，これだけを計測することによって加工システムの異常状態を判定することができる．

　工具の損傷は工具摩耗と欠損とに大別され，これらはいずれも工作物の品質に直接影響を与えるだけではなく，加工能率，加工費用を左右する重要な因子である．工具摩耗は定常的に進行するため，既存の切削データによって工具寿命をおおよそ予測することが可能であるのに対し，工具の欠損は突発的に起こるため，加工中に常時監視する，いわゆるインプロセス計測が必要となる[3]．

　しかしながら，インプロセス計測においては切削加工時の劣悪な測定環境が災いし，十分に信頼性のある計測センサ技術が実用化されていないのが実状である．このため，タッチセンサなどを用いて加工工程間でのビトウィーンプロセス計測によって工具欠損を検出し，加工不良ワーク（工作物）を後工程に送らないのが原則となっている．

　現在実用化されている工具寿命監視装置のほとんどは，あらかじめ設定した工具寿命時間に至るまでの累積切削時間を計測するだけである．

　びびり振動の発生，切りくずの排出不良などは，最も直接的な加工プロセスの異常状態ということができる．とくにびびり振動の発生は，加工精度の劣化や加工能率の低下，工具損傷と工作機械の損傷など，実作業上での弊害が大きくその監視はきわめて重要である．このため，びびり振動の検知・判定とともにその抑制対策が実用化されている（後述**第13章4節**参照）．

　これらのほか，切削力（動力，トルク）などのインプロセス計測が数多く試みられており，エアカットの短縮を含めた拘束適応制御も実用化されている．

　また，工作機械自身の動作状態を計測し，正常な運動を維持するための加工支援技術として，軸受や案内部の潤滑状態や切削油剤の管理状態，各種駆動部分の異常，工具や工作物の保持状態などを監視する計測システムなど，メインテナンス情報が有効に活用されている．

3. 自動計測補正

　周辺技術のなかで，加工精度と加工能率の向上に大きく貢献しているのが，タッチプローブ（一般的にタッチセンサと呼ばれる）を用いた自動計測補正機能である．

　図1に示したブロック図において，工作機械の運動（位置決め動作）後に工具，工作物と工作機械を計測し補正することにより，工作機械の位置決め誤差や熱変位，工作物の前加工誤差や取付け誤差さらには工具摩耗や折損を検出し，自動補正により諸々の誤差や外乱の影響を排除することができる．

　また加工プロセスが完了した時点で工作物を直接測定することにより，加工精度を機上計測で確認することができる．

　このように，自動計測用変位センサに要求される計測機能は多岐にわたるため，測定対象によりセンサに要求される測定機能と性能（精度）は当然異なってくる．ここでいう「機能」とは具体的にどのような測定ができるかということであり，「性能」とはどれだけ正確に測定できるかを示す基準となる．

　このため，変位センサの性能を評価する場合，まずどのような測定ができるかという「機能」の問題，そ

してその機能をどれだけ正確に行なえるかという「性能」の問題を明確にしておく必要がある．

(1) 位置検出と変位量検出

図3は変位センサを測定機能から分類したもので，1軸変位センサ（1A）がセンサ感応軸方向のみで検出するのに対し，2軸（2A），3軸（3A）変位センサは，1つのプローブで各軸方向の位置と変位量を個別に検出することができる．2軸もしくは3軸方向変位を同時に検出できるものとして多次元変位センサがある．図の（2D），（3D）に示すように，プローブを被測定物に接触変位させることにより，各軸方向の変位量成分が独立に，しかも同時に検出が可能で，多軸変位センサと異なり傾斜角度が一定でない曲面の形状測定が可能となる．

これらの測定機能の差は，変位伝達機構と変換器の出力信号形態によって決められる．測定機能上，次の2つに分類するのが一般的である．

① 位置検出センサ（デジタル出力）
② 変位量検出センサ（アナログ出力）

位置検出センサはセンサの一部，たとえばプローブが被測定物に接触した瞬間，もしくは接触点から一定変位量を与えた位置を，内部の電気接点の開閉で検出する．また波形整形回路により簡単にデジタル出力として得ることができ，位置検出リニアスケール，コンピュータさらにはNCとのリンケージが容易となる．

1軸位置検出センサの例を図4に示す．プランジャには耐摩耗性を考慮してサファイヤを，電気接触部には金メッキを施したボールを使用し，精度の安定性と電蝕による耐久性の向上が図られている．プランジャ先端が被測定物に接触すると，プランジャの軸方向移動によりA-B間の電気的導通（b接点）が断たれ，これにより接触位置の検出を行なう．

このON-OFFの再現性（不感量のばらつき）が位置検出精度となり，一般に接点の繰返し精度は $1\mu m$ 以下である．

一方，図5に示した電気マイクロメータなどの1軸変位量検出センサは，変位に対応したアナログ出力が得られるものを指し，この場合には変位伝達機構と変換器の直線性と温度特性（ドリフト）が測定精度を規定することになる．通常のICを使用した増幅器では，ドリフトは $0.2\mu m$ 以内で実用上問題にならず，直線性誤差が測定精度に影響することになる．

電気マイクロメータを用いたセンサの例として，研削盤における自動定寸装置が挙げられる．μm オーダの精度を確保するため，マスタゲージとの比較測定方式が基本となっている．

(2) タッチセンサの構造と測定機能

位置検出センサによる測定動作の基本は，MC移動時の接触によるトリガ信号から，そのときのMC座標系をNCスキップ機能で読取り，NCユーザマクロ機能により演算を行ない，位置の自動補正が必要な場

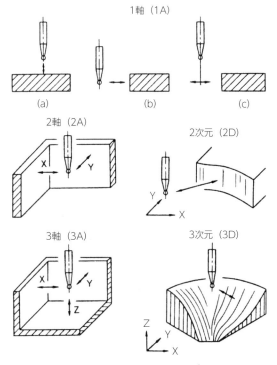

図3 多軸・多次元変位センサ[4]

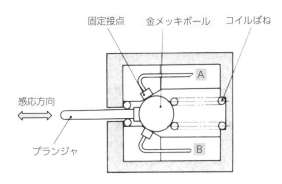

図4 高精度リミットスイッチ（Baumer社）

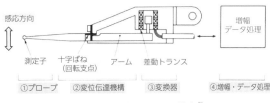

図5 変位量検出センサの構成[5]

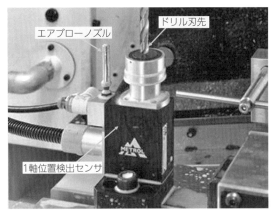

図6 1軸位置検出センサによる工具長測定（メトロール）

合にワーク座標系原点の自動修正を行なうものである．このため，MCの送り速度の影響を受けることになる．これに対し，変位量検出センサではNC位置決め完了時の偏差を測定しているため，送り速度の影響を受けることはない．

図6はテーブル上に固定した1軸位置検出センサ（前出**図4**とほぼ同じ構造）を用いて，工具長の自動測定のようすを示す．測定時の切削油剤や切りくずの影響を排除し，検出精度を向上させるためエアブローを噴射する構造になっている．

3軸位置検出センサの代表例として，3次元測定機における測定の自動化に大きく貢献し，MC用の自動計測用センサとしても広く用いられているRenishaw社（英国）のタッチトリガプローブ（一般にタッチセンサと呼ばれている）の基本構造を**図7**に示す[6]．スタイラス先端の接触子（プローブ球）が被測定物に接触して変位することにより，ローラとボール（もしくはV溝ピンとピン）との電気的導通が断たれ，このトリガ信号により接触位置の座標値が出力される．変位伝達機構には巧妙な3点支持方式を採用し，不感帯1μm以下の安定した復帰特性が実現されている．

この機構的に安定な3点支持方式は，位置検出センサとしての測定精度を規定する不感量を大幅に向上させることができる反面，3方向に測定力の方向性があり，そのため測定方向によっては測定誤差を生じることになる．たとえば円形の被測定物を測定する場合には，この方向性によって3角形状の測定誤差を生じる．しかしながら，MCでの自動計測においては，NC座標軸方向で測定する場合がほとんどであり，方向性による検出位置のずれはデータ処理の段階で補正が可能であり，同一方向での繰返し精度（不感量のばらつき）のみが問題となる．なお，タッチ信号の伝送は耐環境性を考慮した無線（赤外線・電磁誘導・ラジオ波）方式を採用している（**図8**）．

タッチセンサを用いた自動計測では，**図9**に示すように被測定対象の属性（点，直線，円，コーナ，平面など）が定義されている場合，タッチ信号から各点の座標値を用いてユーザマクロで演算することができる．この演算結果に従って，位置の補正や異常検出の判定に利用されている．なお，これらの自動計測動作プログラムは，プログラム支援機能の一環として対話型操作画面で簡単に設定することができる．

このように，タッチセンサはプローブ球が被測定物

10 加工機の自動化／周辺技術・制御技術 　105

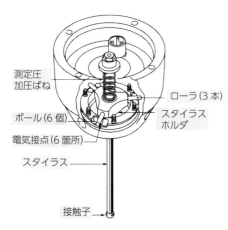

図7 3軸位置検出センサの構造(Renishaw)

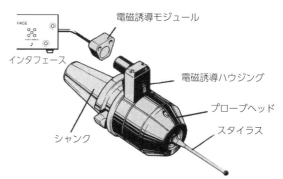

図8 電磁誘導式のタッチ信号伝達(Renishaw)

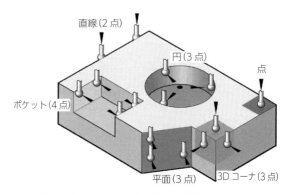

図9 タッチセンサによる多機能計測(Renishaw)

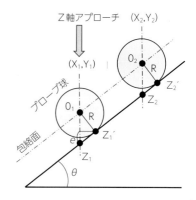

図10 タッチセンサによる傾斜面の測定誤差[7]

に接触した瞬間のタッチ信号を検出するデジタル出力の位置検出センサであるため，図10に見られるように，プローブ球中心位置は検出できても傾斜面や曲面上のどの点で被測定物に接触したかが判別できないことに注意が必要である．

一例として，角度 θ の傾斜面をタッチセンサで測定する場合(図10)を考える．プローブ球半径 R のタッチトリガプローブを (X_1, Y_1)，(X_2, Y_2) に位置決め後，Z軸(上下)方向にプローブ球を下降させ，傾斜面上の点 Z_1'，Z_2' に接触した瞬間，すなわちプローブ球中心が O_1，O_2 の位置で位置検出のトリガ信号を発信する．

このためプローブ中心座標値 O_1，O_2 に「平面である」という条件(実際には3点の位置座標が必要)を付加することにより，プローブ中心座標値を含む包絡面が定義され，この結果プローブ半径を補正して傾斜面座標値 Z_1，Z_2 の算出がはじめて可能となる．

このようにプローブ球が有限の大きさを持つ限り，プローブ径の補正が必要であり，原則として「プローブ球中心軌跡の包絡線(面)が定義できないものは測れない」ということになる．

すなわち金型などの3次元自由曲面は測定位置によって勾配 θ が変化し，数式によって包絡面が定義できないため，位置検出センサでは満足できる測定精度

の確保が困難となる．

図10において，接触点 Z_1' と被測定物の座標値 (X_1, Y_1, Z_1) との間には，幾何学的関係からZ軸方向に，

$$e = R \cdot \sin\theta \cdot \tan\theta \quad (1)$$

なる検出位置のずれを生じることになる.

(1) 式から,傾斜角 θ が大きくなるほど,またプローブ球半径 R が大きくなるほど測定位置のずれは大きくなる (**図11**). たとえば,半径 R = 0.5mm のプローブ球を用いて 10μm 以内の精度で測定するには,角度 θ は約 7° 以内に制約されることになる.

これに対し,3次元変位量検出センサを使用すれば,**図10** の傾斜角に応じて 2 軸方向の変位成分が同時に検出でき,これらの変位成分から傾斜角を算出し,プローブ径の補正を行なって接触点座標値を求めることが原理的に可能となる.

そこで,工作物に常に押し当てながら移動させ,その時の変位量を連続的に出力するスキャニングプローブが実用化されている[6]. この方式のセンサはならいフライス盤のならいトレーサがその端緒となっている.

金型などの3次元自由曲面形状を高精度に測定するには,次の要件を満足する必要がある.
① プローブ球中心は被測定物との接触点を含む法線上に正しく変位すること
② プローブ球と被測定物との接触によって生じる測定圧および摩擦力による変位誤差が小さいこと

これらの条件は,3次元変位量検出センサの特性として,3軸方向のばね剛性が均等で,しかも測定圧が小さいことを要求している[7].

(3) 自動計測補正による加工精度

自動計測補正の加工例として,航空機用油圧シリンダ部品加工の例を**図12**(a) に示す. 前工程の NC 旋盤にて基準穴,外径と上下面の旋削加工が行なわれたのち,立型 MC によってピッチ円直径 ϕ104mm の 9 個のシリンダ穴の加工を行なう. 加工精度の評価項目としては,シリンダ穴の内径とそれらの基準穴からの位置精度いわゆるピッチ精度が重要となる.

このため,仕上げ加工前に基準穴を計測して自動心出し補正を行ない,取付け誤差など位置誤差の補正を行なう. 加工時間は約 35min で工作物 20 個について,心ずれ量の計測値,自動心出し補正精度と 9 個のシリンダ加工穴の基準穴に対する心ずれ量の平均値を**図12**(b) に示す.

図12(b) の心ずれ量計測値には工作物の前加工誤差と取付け誤差,それに立型 MC の熱変位誤差が含まれる. X 軸方向の心ずれ量 ΔX は 10μm 以下で, Y 軸方向の心ずれ量 ΔY は約 40μm あり,送り系がクローズドループ方式であることから,この誤差の大部分が主軸頭の熱変位に起因していると考えられる.

自動心出し補正精度は XY 軸のいずれの方向も ±2μm 以内であり,シリンダ加工穴の機上計測(オン・ザ・マシン計測)による平均心ずれ量(ピッチ精度)は ±6μm 以内に収まっている.

しかしながら,加工後の工作物のピッチ精度を3次元測定機で測定したところ,平均心ずれ量(ピッチ精度)は機上計測の約 2 倍の値となった. これは工作物の前加工上下面の平行度誤差が大きいため,MC テーブルに固定したときに工作物軸線に傾きを生じ,これが3次元測定機での測定誤差に影響していること,さらには測定値のばらつきが機上計測に比べて大きいことが判明した.

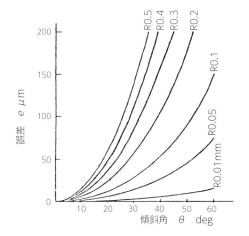

図11 傾斜角・プローブ球半径と測定誤差[7]

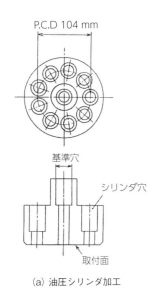

(a) 油圧シリンダ加工

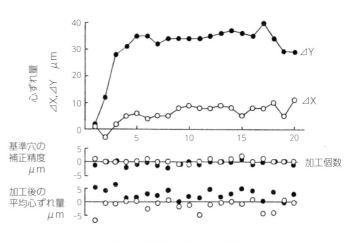

(b) 自動心出し補正精度と加工精度

図12　自動心出し補正と加工精度[8]

4. 加工状態の監視

　このように工作機械の精度のみならず，工具・工作物さらには取付具を含めた加工システム全般についての知見が必要であることの事例である．

　加工状態の監視は，加工精度の劣化や加工能率の低下，工具損傷や工作機械の故障など，異常状態の検出にとって極めて重要である．とりわけ，工具の損傷・折損は後工程に多大の影響を及ぼすため，工具の状態に関する直接計測，工作物や加工プロセスを通して間接計測による監視が実施されてきた（図13）．

　これまでに，モータ電流値が回転トルクに比例することを利用して，主軸モータ電流から切削トルクを，送りモータから切削力を推定するシステムが開発されてきた．さらには切削トルクの制約に従って，送り速度をオーバライドで変更して切削トルクを一定に保つ，いわゆる拘束適応制御のシステムが，実用化されてきた．

　これらは外部センサを用いる方法で，コストや感度，装着場所の問題があった．これに対しNCのオープン化とサーボ技術の向上に伴って，現在ではNC内部情報を利用して加工状態の監視，さらには各種の計測・制御を行なうアプローチが一般化し，より活用しやすい環境にある[9]．

　フライスやエンドミル加工においては，主軸や送りモータの電流値から切削状態の把握が可能であるが，それらの加工に比べて切削トルクが小さいドリル加工においては，モータ電流値とのS/N比の関係から，切削状態の正確な把握が困難である．

　ドリル加工は機械加工の半分近くを占めているが，剛性が低いこと，切りくず排出や切削油剤の加工ポイ

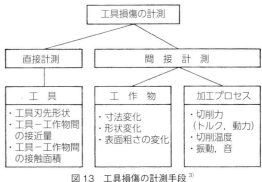

図13　工具損傷の計測手段[3]

ントへの供給がむずかしく，それだけに突発的な損傷が発生する可能性が大きい．

損傷には摩耗，チッピング，欠損，折損の形態があり，加工精度に影響を及ぼす初期摩耗の時点で判定できるのが理想であるが，センシング技術の信頼性に欠けるところがあり，実用化されているのはタッチセンサによるドリル折損検出（前出図6参照）が大多数である．

5. ドリル損傷検出技術[10]

ドリルの損傷検出に関して，これまで多くのセンサや検出方法が開発実用化されてきたが，これらのなかでよく使われるものとしては，①寸法計測による方法，②振動計測による方法，③トルク／スラスト計測による方法がある．

①寸法計測による方法は，前出図6に示したように，主軸に装着した工具がテーブル上の位置検出センサに接触するまでに移動した距離から折損を判定する方式である．このほか光センサやレーザ計測を使用して工具長変化を検出する方法も採用されている．いずれの場合も切りくずや切削油剤などの対策が十分でないと計測精度が低下する．

②振動計測による方法は，工具損傷に伴って発生する切削中の可聴域振動を加速度センサで検出するものと，超音波振動をAE波（Acoustic Emission Wave）センサで検出するものがある．いずれも損傷発生前後の振幅などの変化からドリルの異常を判断する．

③トルク／スラスト計測による方法は，主軸や送り軸モータの電流・電力を検出する方法，主軸回転数変化を検出する方法，工具と主軸の相対変位をエアマイクロや光センサで検出する方法，主軸の振れをひずみゲージで検出する方法などがある．いずれの方法も振動計測の場合と同様に，検出信号の状態量変化から損傷を判断することになる．

ここでは，特徴的な2例のドリル破損検出法を紹介する．

(1) 超音波振動を計測する方法

AE波とは，切削加工等により工具や工作物が破壊されるときに発生する数10kHz～数100kHzの弾性波で，一般的な機械振動の周波数帯域に比べ高周波域の振動であるため，機械ノイズとの分離がしやすい反面，信号処理に工夫が必要となる．

工具の欠損や折損時に発生するAE波の検出・信号処理回路を図14に示す．AE信号レベルがしきい値を超えるか否かで工具損傷を判定するため，AE波の伝達特性とセンサの変換特性が安定し，変換信号の信号処理が適切であるとともに，十分なノイズ低減機能を備えていることが必要となる．

AEの発生源は工具もしくは工作物であるため，AEセンサはできるだけ発生源に近い工具ホルダや工作物に取付けるのが望ましいが，MCにおいては工具が自動交換されるため，種々の制約（コスト，操作性，切りくず対策など）から主軸頭側に設置している．この場合，AE波は工具→工具ホルダ→主軸→主軸軸受→主軸頭→AEセンサの伝達経路をとることになり，各要素の接触部でAE波の伝達減衰が大きく，また伝達特性も不安定となる欠点があったが，主軸軸受とは別の液体伝達部を設けて信号伝達の減衰を改善している．

AE波は工具損傷以外に切削プロセスからも発生し，またATC動作や潤滑油など流体の衝突，歯車や軸受・ボールねじの回転によっても発生する．前者の切削ノイズについては，工具損傷AEに比べて周波数が十分低いのでハイパスフィルタ（図14のHPF）でカットでき，後者の機械的ノイズは周波数領域での対策が困難な場合もあり，フィルタとタイマなどによって監視区間を限定する方法で除去している．

検出されるAE信号レベルは工具の破断面積の平方根に比例するので，実際の監視は工具サイズに対応したしきい値（M信号）を設定して行なうことになる．

図15はφ1mmドリル折損時のAE信号と主軸モータ電力波形を示したもので，主軸モータ電力波形ではSN比の関係で折損信号がノイズに埋没しているが，AE信号では明確にドリル折損が検出（▼印）されており，切削中のゲート信号が閉じると同時に折損信号

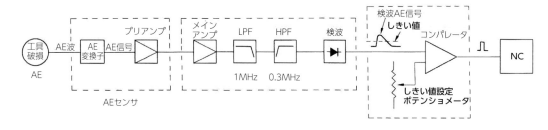

図14 AE計測ブロック図[10)]

が出力されている.

　工具が大きいほどAE信号は大きくなり，工具の損傷や折損の検出が容易となる．しかしながら，信号の伝達経路の影響を受けやすいのと，タップなどでは専用の工具を使用する必要があり，しきい値の設定などが煩雑になるなどの理由から，現在では製品化されていないが，研削時の接触検知などに活用されている．

(2) 回転数変化を計測する方法

　空圧駆動による超高速主軸の回転数の変化，つまり工具にかかる切削負荷に応じて主軸回転数が低下し，折損すれば逆に無負荷となり元の設定回転数へ戻る——この空圧駆動特性を利用して，φ1mm以下の微小径ドリルの折損検出を行なうものであって，その構成例を**図16**に示す．

　超高速主軸アタッチメント本体①は，ATCによりMC主軸に自動装着され，主軸②はエアタービン④により最高5万min^{-1}の超高速回転が可能である．主軸②後端の発電型電磁センサにより，回転数に比例したパルス信号がコントローラに入力され，これを周波数/電圧（F/V）変換器で回転数検出信号に変換される．

　切削負荷がかかると右下図のように主軸回転数が低下し，それがしきい値V_rより小さくなったときに正常加工であることを示す正常加工認識信号を出す．NC補助機能（M信号）によりゲートが開いている間（具体的には主軸回転数の低下を監視している間）にこれが1回もカウントされないときは正常加工でない，つまりドリルが折損したとみなし，ゲートが閉じた瞬間に折損出力信号を出して，MCの動きを停止さ

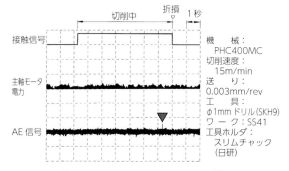

図15 φ1mmドリル折損検出波形[10)]

せる構成となっている．なお，図中のV_eまで回転が極端に低下したときは，過負荷により何らかの異常が生じたとみなされる．

　なお，回転数低下と切削トルクの間には比例関係があることから，ドリルの折損検出のみならず，ドリル刃先の摩耗が進行し切削トルクが増大するようすも検出可能となる．

　図17に，横軸に加工穴数，縦軸に回転数低下をとり，送り速度100（3.35），200（6.7），300（10μm/rev）mm/minでの典型的な回転数低下パターンを示す．送りが小さい100mm/minの場合には数10穴付近から低下の度合が急増して227穴目で折損した．

　この場合，1回転当りの送り速度が3.35μm/revと極端に小さいために，刃先のラビングによる摩耗が急速に進行したためである．送りが200mm/minの場合には478穴，送りが大きい300mm/minでは547穴目で折損した．これらの結果から，最適な送り速度で

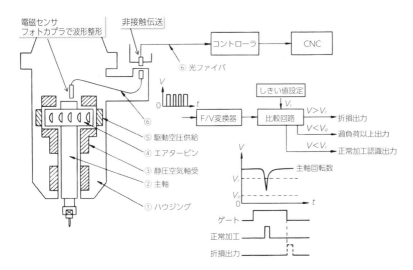

図16 切削状態監視装置の構成[11]

駆動を利用しているため，小径ドリルの高速加工に限定されるが，MC主軸の高速回転を必要とせずそれだけ省エネルギとなり，またMCの熱変位の影響を受けることなく高精度の加工が可能である．

しかも小径工具の加工においては，突発的な過負荷に対し，緩衝性のある空圧駆動の方がモータ駆動よりも折損しにくいことが経験的に知られており，工具寿命のみならずコスト，メインテナンス上も有利となる．

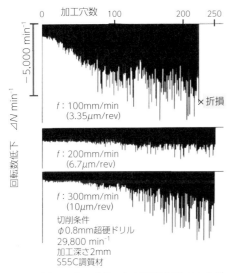

図17 加工穴数による低下回転数の変化[11]

は刃先摩耗も少なく，切削トルクの変動も少ない安定した切削が実現されているのがわかる．この場合，しきい値 V_r を $-500 min^{-1}$，V_e を $-3,000\ min^{-1}$ 程度に設定すれば工具折損さらには工具摩耗の自動検出が可能となる．

このように，駆動源としてエアタービンなどの空圧

< 参考文献 >
1) 多島康夫：工作機械と運転監視，計測と制御，22巻11号（1983），p.927
2) 日本工作機械工業会編：工作機械の設計学（基礎編），日本工作機械工業会（1998），p.16
3) 稲崎一郎：機械加工における自動計測，精密機械，49巻3号（1983），p.320
4) 幸田盛堂：接触形変位センサを用いた精密計測，日本ロボット学会誌，2巻5号（1984），p.472
5) 幸田盛堂：形状センサの構造と機能，応用機械工学，1986年8月号，p.115
6) 武部隆：工作機械用タッチプローブの計測技術，精密工学会誌，75巻11号（2009），p.1273
7) 幸田盛堂，牛尾純裕：マシニングセンタにおける自動計測補正システムの開発（第3報）緩自由曲面形状の自動測定，精機学会昭和56年度精機学会春季大会前刷（1981），p.622
8) 幸田盛堂：自動加工システムにおける高精度化対応技術に関する研究，金沢大学博士論文（1990），p.193
9) 松原厚：加工状態監視の応用研究，砥粒加工学会誌，54巻3号（2010），p.6
10) 中上隆三，幸田盛堂：ドリル欠損検出における問題と対策，センサ技術，9巻3号（1989），p.46
11) 幸田盛堂，石橋幸治ほか：静圧空気軸受主軸における微小径ドリルの折損検出（第2報）切削トルク，工具摩耗と回転低下数の相関，昭和60年度精機学会春季大会学術講演会論文集（1985），p.649

11 ツーリング：工具とホルダ技術

1. ツーリングとは

ツーリング(**写真1**)とは，ドリルやエンドミルなどの切削工具を保持し，工作機械主軸や刃物台に取付けられる切削工具保持具のことをいう．ときには，センサが組み込まれたものもまとめてツーリングと呼ぶこともある．

ここでは，大昭和精機の開発例をもとに，主としてマシニングセンタ(以下，MC という)や複合加工機に用いられるツーリングについて解説する．

近ごろ，工作機械は飛躍的な進化を遂げてきており，高速回転・高精度化が進んできた．また，切削工具もコーティング技術や切れ刃形状の改良により，切削性能が向上してきた．これらの工作機械や切削工具の性能を，余すことなく最大限に発揮させるのがツーリングの役割である．

ツーリングは切削工具を把持して工作機械に取付けられる(**図1**)．つまり，工作機械の性能を切削工具へ伝える役割があり，切削工具を根元で支えているのもツーリングである．もし，そのツーリングの精度が悪いと，本来の工作機械の加工精度が発揮されず，切削性能や工具寿命も低下してしまう．

写真1　ツーリング

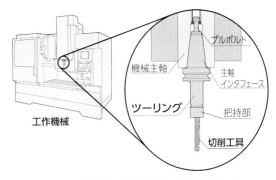

図1　工作機械と切削工具をつなぐツーリング

表1　ツーリングの役割

振れ精度	加工精度や工具寿命に影響する．
把持力	切削限界性能に影響する． 工具抜けや滑りなどのトラブルの原因になる．
剛性	びびり限界性能や加工精度，工具寿命に影響する．
バランス	切削時の振動や回転中の振れ精度に影響する．
クーラント供給	クーラントを的確に供給することで，切削性能や工具寿命に影響する．
操作性	工具交換作業の時間に影響する．

また，ツーリングのバランスが悪いと，振動が発生して高速回転での安定した加工が行なえない．さらにツーリングには，重切削でも切削工具が抜けない把持力が必要であり，十分な剛性がなくては安定した切削が行なえない．ツーリングでは，工作機械や切削工具の性能を最大限に発揮させるための精度や把持力，剛性，バランスが必要であり，それに加えて，クーラント供給や操作性など，さまざまな性能項目が要求される(**表1**)．

2. 主軸インタフェース

ツーリングは，工作機械の主軸と接続するインタフェース部分と，切削工具を把持する把持部から成り

立っている．主な主軸インタフェースはBTシャンク，ビッグプラス，HSKシャンク，ポリゴンテーパシャンクなどがあり，それ以外にも工作機械メーカー独自のインタフェースも少なくない．

7/24テーパのBTシャンクは1969年から日本工作機械工業会がMAS403として規格化しており，日本国内では広く普及している．そしてBTシャンクは，2007年にはISOとして規格化されている．

BTシャンクは，機械主軸側でプルボルトを引き込むことで7/24テーパが密着する接続方法であるが，1990年代からはテーパだけでなく端面も同時に密着させる二面拘束のインタフェースが増えてきている．この頃から高速回転主軸を搭載したMCの開発が盛んになってきたことも背景にある．

現在ではBT40クラスで2万$\min^{-1}$を超える高速主軸も普及している．二面拘束インタフェースには，機械主軸を高速回転させたときに，遠心力の影響で主軸が膨張し，ツーリングが引き込まれて軸方向に変位するのを防ぐ効果がある．そのため，高速回転には二面拘束主軸が必須条件となる．さらに二面拘束はATC繰返し精度を向上させる効果もあるため，高速回転，高精度化には最適なインタフェースである．

それに加えて端面密着は剛性を高め，切削性能向上の効果もあり，高速回転にかかわらず採用されることも多い．

ビッグプラスは1992年に発表された二面拘束のインタフェースであり，BTシャンクと互換性がありながら，テーパだけでなく端面も同時に密着する(**図2**)．1993年のEMOショー（EUで1年おきに開催される工作機械見本市）で発表されたHSKシャンクは，ヨーロッパを中心に普及している1/10テーパの二面拘束のインタフェースである．また，1990年に発表されたポリゴンテーパシャンク（通称キャプト）は，旋削工具向けに開発されたインタフェースであり，ポリゴン形状によりATC時に刃先位相を確実に決めることができ，心高が安定するため複合加工機に採用されることが多い．

図3は日本国際工作機械見本市JIMTOF2014で出展されたMCと複合加工機（合わせて169台）のインタフェースを調査したデータであるが，7/24テーパ（BTシャンクとビッグプラスの合計）が半数以上を占めており，日本国内でのBTシャンクの割合が依然として高いことがわかる．その理由の一つとして，テーパが中空になっているHSKシャンクの場合，切削工具シャンクを奥まで挿入できないため，ツーリングや切削工具の突出し長さを短くできないことが挙げられる（**図4**）．突出し長さは，静剛性の3乗に反比例するため，たとえ10mmでも長くなると切削性能

図2　ビッグプラス二面拘束

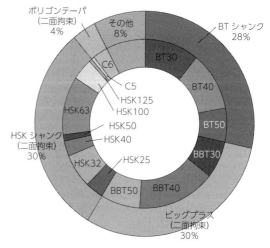

図3　JIMTOF2014出展機インタフェース

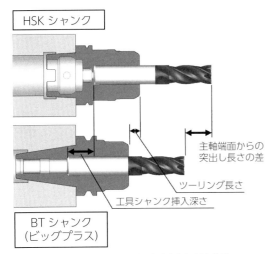

図4 HSKとBTにおける突出し長さ比較

工具	φ20mm 超硬エンドミル
被削材	S55C
軸方向切込み	30mm
切削速度	100m/min
送り	0.08mm/刃

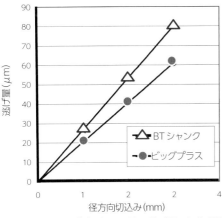

図5 二面拘束がエンドミル逃げ量に与える影響

への影響が無視できない.

　HSKシャンクの内訳を見ると，BT30より小さいHSK40以下の小型インタフェースが43％を占めており，小形の高速主軸工作機械での採用が目立っている．また，二面拘束インタフェース（ビッグプラス，HSKシャンク，ポリゴンテーパシャンクの合計）が64％を占めている．JIMTOF1998の調査では32％だったことから，20年足らずで二面拘束が広く普及してきたことがわかる．

　これは，二面拘束インタフェースが高速主軸に限らず，剛性やATC繰返し精度の向上など幅広い加工において効果があるためでもある．

　図5はφ20の超硬エンドミルを使用した側面削りにおいて，たわみによるエンドミルの逃げ量を比較したデータである．ビッグプラスに比べてBTシャンクは逃げ量が約30％多く，二面拘束が剛性の向上に寄与していることがわかる．

3．ツーリングの振れ精度

　ツーリングの重要な評価項目の一つに振れ精度がある．機械主軸にツーリングを取付けたときに，切削工具先端での振れ精度がよくないと，加工精度だけでなく工具寿命にも悪影響を与えてしまう．

　図6はφ3mmのドリルで振れ精度の違いによる工具寿命の関係を表している．ここでは，ドリルの外周コーナ部での逃げ面摩耗幅が0.2mmになったところで工具寿命と判定している．ハイスドリルの深さ15mm（5D）ではドリル加工の前にセンタ穴を加工しているが，それでも振れ精度が工具寿命に影響している．

　特に超硬ドリルの場合，工具寿命への影響が大きく，ドリル先端での振れ精度が2μmと15μmで比較した場合，工具寿命に約3倍の差が発生する．量産加工において，同じ型式のドリルを使っていても，工具寿命が毎回ばらついて管理が困難な場合，振れ精度が安定していないことが原因である可能性もある．

	超硬ドリル	ハイスドリル	
穴深さ	12mm(4D)	9mm(3D)	15mm(5D)
ドリル径	φ3mm		
被削材	S55C		
切削速度	70m/min	26m/min	
送り	0.1mm/rev		

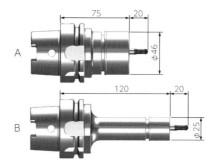

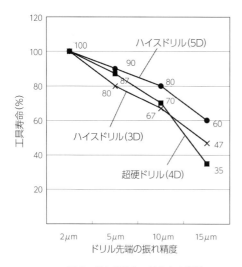

図6 振れ精度と工具寿命の関係

被削材	S50C
切削工具	R3 2枚刃ボールエンドミル
回転数	12,000min^{-1}
テーブル送り	4,300mm/min
軸切込み	2mm
ピックフィード	0.6mm

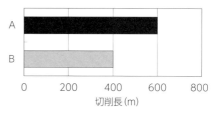

図7 剛性と工具寿命の関係

4. ツーリングの剛性

エンドミル加工を行なう場合には，ツーリングの剛性が特に重要になってくる．ツーリングの剛性が低いと，たわみ量が大きくなり加工精度に影響するだけでなく，びびり限界が低下することも多い．さらに工具寿命への影響もある．

図7はツーリングの剛性に7倍の違いがあるA，Bの2種類のコレットチャックを用意して，工具寿命の違いを比較したデータである．ボールエンドミルによる連続加工を行なったところ，静剛性の高いツーリングAは50％工具寿命を向上させることができた．エンドミル加工において，干渉を避け，できるだけ剛性の高いツーリングを選定することは，加工能率や工具寿命の向上には欠かせない．

写真2 高速回転用ツーリング

5. 高速回転仕様のツーリング

1990年代頃から高速回転主軸を搭載したMCの開発が盛んになり，いまではBT40クラスで2万 min^{-1}を超える主軸も珍しくはない．主軸の高速化にともない，バランス性能にすぐれた高精度なツーリングが求められてきた．

そこで登場したのがスパナ掛けをなくし，外周を研削で仕上げた高速回転MC用ツーリング（**写真2**）である．スパナ掛けをなくしたことでバランス性能が向上し，風切り音も抑えることができる．専用のワンウェイクラッチ方式を採用したレンチで締め付けることで，スパナ掛けがなくても締め付けが行なえ，ラチェトアクションで操作性も向上した．現在では，操作性のよさから高速回転を必要としないMCでも採用されている．

6. ツーリングの多様化

米国で1958年にMCが開発されてから50年以上になり，その間に，MCは飛躍的な進化を遂げてきた．その進化にともなって，ツーリングが果たす役割の重要性も認知されるようになり，加工の目的に応じた最適なツーリングが求められてきた．

当初は，さまざまなシャンク径の切削工具が使える汎用性の高いツーリングがあれば十分であった．それが次第に，汎用性を多少犠牲にしてでも精度のよいツーリングや重切削が行なえるツーリング，干渉を回避できるスリムなツーリング，高速回転仕様など，多種多様なニーズが生まれてきた（**図8**）．

その結果として，最適なツーリングを選ぶことで，工作機械や切削工具の性能をいままで以上に引き出すことができるようになった．

(1) コレットチャック

コレットチャックは汎用性が高くて，操作性がよく，精度もよいことから，最も幅広く使われているツーリングである．コレットチャックは，ツーリング本体とテーパコレット，締付ナットの3つの部品で構成されている（**図9**）．

振れ精度を安定させるためには，本体とテーパコレットの精度がよいことはもちろんであるが，締付ナットの精度や構造も重要になる．締付ナットの役割は，テーパコレットを押さえるだけでなく，いかに傾けず，ねじらずに真っすぐに押し込めるかが重要となる．締付ナットを締め付けたときの回転方向の力をテーパコレットに伝えないために開発されたのが，ボールベアリングを内蔵した締付ナットである．ボールベアリングはすべりによる摩擦に比べると遥かに抵抗が小さいことから，軽い締め付け力でも高い把持力を得られる．

コレットチャックは，テーパコレットを縮めることで，直径で0.5mm細いシャンクを把持できるものも

図8　ツーリングの多様化

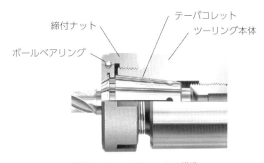

図9　コレットチャックの構造

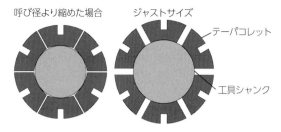

図10 テーパコレットで把持した時の断面

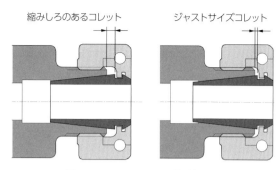

図11 テーパコレットの飛び出し量

多く，テーパコレットを交換することでさまざまなシャンク径を把持できるため汎用性が高い．

しかし，テーパコレットの呼び径よりも細いシャンクを把持すると，テーパコレット内径と工具シャンクの曲率が異なるため，面当たりではなく線当たりに近くなる（図10）．とくに精度が重要な ϕ 6 mm 以下の小径工具では，縮み量を少ない状態で使用すると精度が安定する．そのため内径 ϕ 6 mm 以下では，0.1 mm とびのテーパコレットも増えてきており，工具シャンクに合わせたテーパコレットを選ぶことができるようになっている．

一方，内径の縮みしろを確保するためには，テーパコレットは本体の奥へ入り込むためのスペースを確保しなければならないので，コレットが本体から飛び出すように設計されている．エンドミル加工のように少しでも工具のたわみを抑えて加工したい場合は，ジャストサイズ専用で飛び出し量を抑えたエンドミル用テーパコレットを選択するのがよい（図11）．

(2) ロールロックチャック

ロールロックチャックは，高い把持力が得られることから，エンドミルによる荒加工に最適なツーリングである．近ごろでは航空機関連において，チタンやインコネルなど難削材の加工も増えてきている．難削材の加工では重切削が多く，材料も高価であることから，エンドミルが抜けないことが重要になる．

また，大容量のクーラントを刃先へ供給することも切削性能に大きく影響する．そのため，航空機部品の

図12 抜け止め機構内蔵ツーリング

加工など一部の業種においてはエンドミルの抜け止め機構を持ったツーリングのニーズもある．ただし，切削工具のシャンク部分には引っ掛かりとなる溝や平取りなどの細工が必要になり，そのシャンク形状は各社で異なる．なかには ISO 規格に準じた工具シャンクで抜け止めに対応した機構もある（図12）．

(3) 油圧チャック

油圧チャックは 20 年以上前から使われているツーリングである．当初は，とくに加工精度を必要とするリーマやバニシングリーマ加工，仕上げのエンドミル加工などの用途に限定されていた．これは油圧チャックの振れ精度がよく，繰返しの精度も安定しているためである．

近ごろでは，自動車部品の量産加工ラインや金型加

工でも油圧チャックを導入されるケースが増えてきている．油圧チャックはクランプスクリュを底当たりするまで締付けることで，切削工具を把持できる（図13）．操作が容易でわかりやすく，作業者の熟練度に依存しないことも，量産加工ラインで使われやすい理由である．

また，締付けの前後で工具長の変化がないため，容易に目標の工具長にプリセットが行なえる．

さらに，5軸制御MCや複合加工機が増えてきたことにより，工作物や治具，チャックとの干渉を回避するため，スリムなハイドロチャックが使われるようになってきた．

これまで油圧チャックは，油圧機構がアンバランスの要因になり，高速回転には不向きと考えられてきた．しかし，近ごろはバランスの取れた油圧機構が採用されるようになり，さらにHSK-E25シャンクでは6万 min^{-1}，BBT40やHSK-A63タイプでも3万 min^{-1} に対応でき，高速回転領域でも使われるようになった．

最近の工作機械では，スピンドルスルークーラントを搭載するのが当たり前のように増えてきた．そのため，ツーリングの先端からクーラントを供給する使い方も多くなってきている．その理由として，主軸端の外部クーラントノズルでは，工具長の異なる複数の工具刃先へクーラントを的確に供給することがむずかしいこと，また複雑な工作物形状や5軸加工機を使った場合，工作物と干渉して外部クーラントのノズルを接近させて配置できないことによる（図14）．

ツーリングの先端にクーラント穴があれば，常に工具刃先に近いところからクーラントを最適に供給することができる．ボールエンドミルで金型を加工する際も，工具寿命を向上させるためにツーリング先端からクーラントやオイルミストを供給することが多い．油圧チャックにおいても，スピンドルスルークーラントが使えるクーラント穴付きのタイプも使われるようになってきた（図15）．

また，微細加工においても油圧チャックが選定されるケースが増えてきている．微細加工に使用される切削工具のシャンク径は，φ3〜6mmが多く，これまでφ3mmやφ4mmの油圧チャックがなく，また高速回転にも不向きとされていたため，微細加工で油圧チャックを選定されるケースは少なかった．

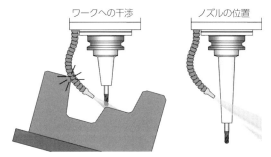

図14 外部クーラントノズルの問題点

図13 油圧チャックの構造の例

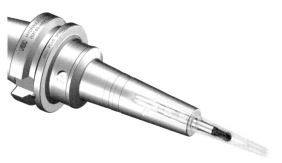

図15 クーラント穴付き油圧チャック

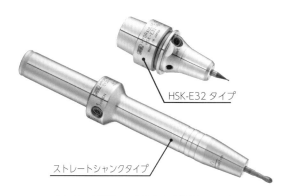

図16 小型化・スリム化した油圧チャック

しかし,油圧チャックでφ3mmやφ4mmの工具シャンクに対応できるようになり,HSK-E25やHSK-E32といった小型インタフェースにも対応できるようになると,操作性と振れ精度のよさから,微細加工に油圧チャックが採用されるケースが増えてきた.工具シャンクの公差がh6まで対応していることも,選択の範囲を広げている要因である.

油圧チャックがスリム化,小型化してきたことで,ストレートシャンクの油圧チャックも使われるようになってきた(図16).ストレートシャンクタイプはコレットチャックやロールロックチャックでも使われているが,干渉を回避したり,突出し長さを調節したり,使い回しするのに便利なため,昔から幅広く加工現場で使われている.

しかしながら,つなぎ部分が増えることで振れ精度が悪くなる欠点がある.油圧チャックの場合には,振れ精度が安定しているため,油圧チャックにさらに油圧チャックをつなぎ,振れ精度の悪化を最小限に抑えることができる.

(4) 焼きばめチャック

焼きばめチャックは,昔からの技術ではあるが,2000年ころから金型加工や微細加工を中心に使用されるようになってきた.とくにインペラやブリスクなど,焼きばめチャックでなければ干渉を回避できない場合もある.工具の着脱には焼きばめ装置が必要にな

るため,他のチャックに比べ操作に多少時間を要するが,干渉回避や精度が必要とされる加工では重宝されている.

(5) ボーリング

荒ボーリング加工はあらかじめ下穴をあけておき,通常2枚の切れ刃でバランスを保ちながら穴を広げていく加工である.旋盤の場合は1本のバイトで何パスも加工を繰返して内径を広げていくことができるが,MCでのボーリング加工では,その加工径に合わせたボーリングツールが必要になってくる.

バランスカットは2枚の切れ刃の加工径や刃先高さを同じに合わせるが,ステップカットの場合,加工径を内側と外側にずらしてセットし,内側の切れ刃を先行させる.ステップカットにすることで切りくず幅が小さくなり,一度に大きな切込みで加工でき,工具本数を減らすことができる(図17).ただし,止まり穴の場合は,穴底に内刃と外刃の加工面が2段で残ることから,貫通穴で使われることが多い.

仕上げボーリング加工では加工径の寸法精度が要求されるため,狙った加工径に調整できる高精度な刃先調整機構が重要となる.たとえプリセッタで正確に加工径を調整しても,実際の加工ではボーリング工具や工作機械主軸のたわみが影響して,加工径が小さくなる傾向がある.そのため,切削負荷によるたわみを考慮して加工径を調整し直さなくてはならない.

この調整時にボーリングヘッドの目盛通りに加工径が調整されなくては,狙った加工径に仕上げることが困難になる.

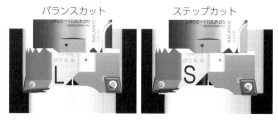

図17 バランスカットとステップカット

たとえ目盛通りに確実に加工径の調整が行なえたとしても、作業者が目盛を読み間違える可能性もある。このような調整ミスをできるだけ減らすために、デジタル表示の付いたボーリングヘッドがある（図18）。

デジタル表示は、目盛の読み間違いを防ぐだけでなく、作業者の違いによる読取りの個人差もなくなる。デジタルノギスが一般に普及したように、デジタル表示が付いたボーリングヘッドも、少しずつ普及し始めている。

仕上げボーリング加工において問題となるのが、深い中ぐり穴加工でのびびり振動である。一般的に鋼加工で突き出し長さと胴径の比率L/D＝4、鋳鉄加工でL/D＝6以上になると、びびり振動が発生しやすくなる。内径がφ30mm以下の場合、超硬シャンクを利用することで、びびりを抑制することもできる。しかしφ30mm以上になると、超硬シャンクでは非常に高価になり、一般的に使用されることは少ない。

そこで、ダイナミックダンパを内蔵した防振ホルダを利用する方法がある。ボーリング加工で振動が発生した際に、内蔵されたダンパが振動方向と反対の方向に移動するため、振動を打ち消す効果がある。図19に示すように、ダンパを内蔵した仕上げボーリング加工では、L/D＝8.5でも安定した加工が行なえる事例がある。

特殊なボーリング加工として、外径ボーリング加工がある。ボーリングヘッドの切れ刃を内向きに取付けて、円柱の外径をボーリング加工する方法である。通常はエンドミルによる円弧切削で加工することが多いが、真円度をよくしたい場合や、円柱が長くてエンドミルでは刃長が長くなり加工が困難な場合に採用されることが多い。

図20は外径48mmで高さ50mmの円柱を外径ボーリング加工とエンドミルによる円弧切削で、真円度と円筒度を比較したデータである。外径ボーリング加工では工作機械の運動精度の影響をほとんど受けず、しかもエンドミルのように倒れが発生しないことから高

切削条件	送り	0.1mm/rev
	切込み	0.2mm/φ
	加工径	φ53
	インサート	ノーズR0.4
	被削材	S55C
	切削油	水溶性（外部給油）
	機械	BBT50 横型MC

		切削速度(m/min)		
		100	150	200
ダンパなし	212mm(5.2D) 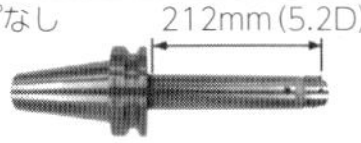	○	×	×
ダンパあり	350mm(8.5D) 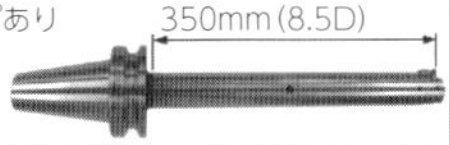	○	○	○

図19 ダンパの有無による切削性能の違い

図18 デジタル表示付きボーリングヘッド

	外径ボーリング	円弧切削
真円度	0.85μm	4.15μm
円筒度	1.70μm	12.20μm

図20 外径ボーリングと円弧切削の比較

精度な加工結果が得られている．

(6) タッパ

これまでMCにおけるタップ加工では，軸方向のフロート付きでクラッチを内蔵したタッパや，逆転機構を内蔵したタッパが使われることが多かった．しかし，工作機械主軸の回転と送りを同期させるシンクロタップ機能（リジットタップ）を搭載したMCが増えてきたことで，コレットチャックでタップを把持してタップ加工が行なえるようになってきた．

しかしながら，主軸の回転と送りを完全に同期させることはむずかしく，実際にはわずかな同期誤差が発生している．このわずかな同期誤差がタップや工作物への負荷となり，タップの寿命低下やねじ加工面のむしれなどの原因となることがある．

そこで同期誤差を補正するための機構を内蔵したタッパが使われるようになってきた．M6のスパイラルタップを用いて被削材S50Cにシンクロタップ加工を行なったときのスラスト荷重を比較したデータを図21に示す．誤差補正機構を内蔵したタッパを使用することで，スラスト荷重を抑えて安定したタップ加工が行なわれている．

図22はM6スパイラルタップを用いて，被削材SUS304にシンクロタップ加工を行なったときのタップ寿命を比較したものである．同期誤差を補正して

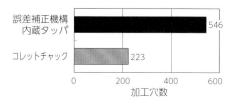

図22 タップ寿命比較データ

タップに掛かる負荷を軽減することで，タップ寿命が大幅に向上した例である．タップ加工における寿命低下や折損などのトラブルは，切りくずの噛み込みやクーラント供給，下穴の精度，適正なタップの選定など多様な要因が関係しており，対策がむずかしい加工である．同期誤差によるスラスト荷重は，その要因の一つといえる．

7. 高精度・高能率加工に向けて

工作機械や切削工具の進化にともない，ツーリングにも高い性能が求められるようになってきた．これは，工作機械や切削工具の性能を最大限引き出すには，ツーリングが重要な役割を果たしていると認知されるようになってきた証でもある．加工に応じて多種多様なツーリングが求められる昨今，目的に合った最適なツーリングを選定することが，高精度・高能率な加工を実現することにつながる．

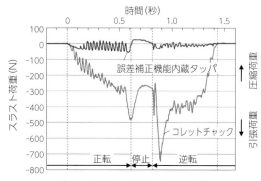

図21 ワークにかかるスラスト荷重

12 切削油剤の選定と最新技術動向

1. 切削油剤の役割

切削油剤の役割は，一般的に潤滑作用，冷却作用，洗浄作用といわれ，切削加工時の摩擦と発生する熱を抑制し切りくずの排出を促進するために使用されてきた[1]．しかし現在においては，切削油剤に求められる役割は，一次性能である加工性ばかりでなく，二次，三次性能も求められ高度化してきている（**表1**）．そのため，用途に応じて次のように分類されている．

2. 切削油剤の分類

切削油剤は，大きく不水溶性油剤と水溶性油剤に分類され，さらに水溶性油剤は，エマルションタイプ，ソルブルタイプ，ケミカルタイプに分類される（**表2**）．また，原液と使用液（希釈液）の外観（**図1**）とそれぞれのタイプの油剤における潤滑性と使用感の関係は，**図2**に示すようになる．

表1 切削油剤に求められる性能

一次性能	加工性	工具寿命の延長，仕上がり状態の向上，など
二次性能	防錆性・非鉄金属防食性	工作物材質（鉄・アルミ・銅など）や工作機械を腐食しない
	液安定性	外的要因（温度・系外混入物など）により分離や析出物を発生しない
	消泡性	工作機械付属の油剤タンクから泡がこぼれない
	防腐性	長期間の循環使用時，菌の増殖による性能劣化を抑える
	耐ゴム・樹脂・塗装性	各種材質（ゴム・樹脂・塗装）に与える影響が少ない
三次性能	作業環境性	皮膚への刺激，臭気など，作業者の健康に与える影響がない，加工後の工作物の洗浄性，残渣のべたつき等，作業時の効率に悪影響を与えない
	地球環境への影響性	環境ホルモンや富栄養化といった地球環境に与える悪影響が少ない
	低コスト化	長期使用時の性能劣化がなく，濃度低下のスピードが遅い

表2 水溶性油剤の分類と成分，性能，用途

	タイプ	エマルション	ソルブル	ケミカル
成分	鉱油	○	〜△	
	油性向上剤	○	〜△	
	水溶性高分子		△〜○	
	防錆剤	△	○	○
	防食剤	△	△	△
	界面活性剤	○	〜○	
	消泡剤	△	〜△	
	防腐剤	△	△	△
	凝集剤		〜△	〜△
性能	潤滑性	○〜◎	△〜○	−
	透明性	−	△〜◎	◎
	作業性	△	△〜○	○
用途		切削・重切削	切削・研削	研削

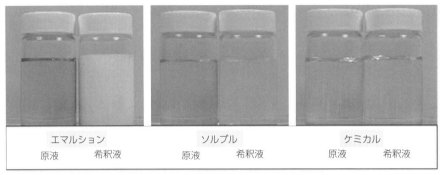

図1 水溶性切削油剤の原液と希釈液の外観

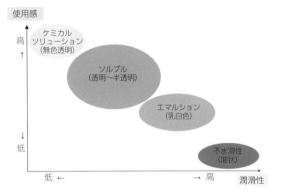

図2 水溶性切削油剤タイプの潤滑性と使用感の関係

3. 性能と成分の関係について[2]

(1) 水の役割と影響について

水溶性油剤においては，原液を10〜100倍の水で希釈して使用するため，水の役割と影響は極めて大きく，事前に希釈される水を調査することが推奨される。希釈水には工業用水，水道水，井戸水などが使用され，調査項目としては，pH，イオン（Na^+，K^+，Ca^{2+}，Mg^{2+}などのカチオンとCl^-，NO_3^-，SO_4^{2-}などのアニオン），菌数などが挙げられる。希釈水の性状と影響について表3に示した。

表3 希釈水の性状とその影響

性状	良好な範囲	注意を要する範囲	影響する不具合
pH	6.0以上	6.0より小さい	発錆，腐敗，液の不安定化
菌数	10^3個/ml以下	10^5個/ml以上	腐敗
塩素イオン	10ppm以下	15ppm以上	発錆
硫酸イオン	10ppm以下	15ppm以上	発錆
全硬度	20〜50	10以下	発泡
		50以上	スカム発生，液の不安定化，腐敗，発錆

(2) 加工性

水溶性切削油剤の場合には，表2に示すように，加工性を向上させる目的で潤滑剤として鉱油，油性向上剤，水溶性高分子などが含有される。さらに乳化や可溶化の目的で界面活性剤が添加され，表面張力は一般的に30〜40mN/m程度の値を取る。このことにより潤滑性ばかりでなく浸透性が向上し冷却性にも寄与している。しかし，加工点のどのあたりまで浸透しているかについては，詳細はわかっていない。

(3) 液安定性について

上述のように水溶性切削油剤（エマルション油剤やソルブル油剤）には，水になじみやすい親水基と油になじみやすい疎水基（または親油基）の両者を持つ界面活性剤を含有（図3）しており，乳化，分散，可溶化，起泡，消泡，濡れなどの機能を有している。また，水の中では，親水基を外側に向けて，ミセルという大

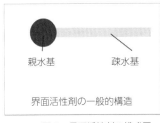

図3　界面活性剤の模式図

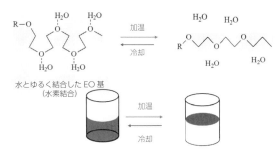

図5　曇点と界面活性剤の変化の模式図

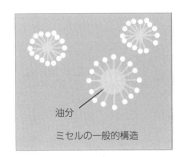

図4　ミセルの模式図

きな構造（**図4**）をつくる．そのことによって液の安定性が保たれている．

(4) 曇点

使用液温度が変化することにより，液外観が透明から白濁へ，あるいはその逆へと変化する場合がある．この温度を曇点と呼ぶ．これは，含有される界面活性剤のうち，非イオン界面活性剤がエチレンオキサイド（EO基）を持っており，**図5**に示すように低温では，水とゆるく結合（水素結合）するために透明であり，加温することによりこの水素結合が切れ，白濁液となる．適正な曇点の油剤を選択することにより加工性や発泡性，外観などを両立させることができる．

(5) 防錆性とアルミ防錆性について

鉄が錆びるには，水と酸素の存在が不可欠であるが，どちらか一方を完全に取り除くことによって発錆は防止できる．しかし，水溶性切削油剤の場合には，水に希釈して使用するために潜在的に発錆しやすい状況で

あり，①防錆成分の配合や，②pHの調整（アルカリ性）といった防錆機構が必要となる．

また，発錆を促進するCl^-，SO_4^{2-}などのアニオンの存在や防錆成分である脂肪酸と塩を形成することによって防錆性を低下させるCa^{2+}，Mg^{2+}などのイオン量については，液管理上注意しなければならない．

アルミ合金の腐食は，合金内の特定成分の溶出にあり，アルカリ性の液体はアルミ合金表面の保護層（アルミナ）を溶解し，特定成分を溶出させる．アルカリ性条件化でアルミ合金の防食成分として知られているものに，①脂肪酸（高級脂肪酸，二塩基酸），②燐系化合物，③珪素系化合物などがあげられる．

(6) 防腐性について

水溶性切削油剤の成分は主に有機性物質であるが，その多くが微生物にとっては栄養源となりうるものである．水中に有機性物質を分散させ，これを開放条件下で長期循環させる環境は，微生物の繁殖に好適である．切削油剤の希釈液中で繁殖した微生物は，つぎの不具合をもたらす．

①油剤中の成分の分解とそれに伴って種々の性能が低下する．②酸性物質を放出すると，pHが低下し，防錆性を低下させるとともに，さらなる微生物の増殖にも繋がる．③異臭も発生するようになる．

4. 切削油剤を取り巻く市場環境[3]

近ごろの切削油剤を取り巻く環境は，切削油剤が化

学物質の混合であることより，より安全安心を求めて化学物質に関する法令対応や自然環境への意識が高まってきている．さらに，機能性の向上も継続的に要望がある．

(1) 関係する法令

(1) PRTR法（特定化学物質の環境への排出量の把握等及び管理の改善の促進に関する法律）

同法に該当する化学物質は，使用規制があるわけではないが，地球環境への放出・残留は悪影響があると懸念されるため，切削油剤各メーカーは自主的に使用しない方向で対応が進んでいる．

2008年に対象物質の見直しがあり，2009年10月に改訂PRTR法が施行された（第一種対象物質が364物質から462物質へ増加している）．

切削油剤では，モノエタノールアミン，ポリエチレングリコールアルキルエーテル，ホウ酸などが該当物質にあたる．

(2) 労働安全衛生法 第57条の2

同法に該当する化学物質は使用規制があるわけではないが，健康に影響が出る恐れありとされている物質である．安全データシート（SDS）へ記載することによって，使用者に情報を提供している．油剤メーカーの同法への具体的な動きは少ない．

切削油剤では，ジエタノールアミン，トリエタノールアミン，モルホリン，鉱物油などが，該当物質にあたる．

(3) RoHS指令，ELV指令

RoHS指令は，欧州指令の一種で，電気・電子機器に有害物質の使用制限の指令であり，鉛，水銀，カドミウム，6価クロム，臭素化合物の6物質が該当する．切削油剤で使用する成分は該当しない．

またELV指令（End-of Life Vehicles Directive：使用済み車両に関する2000年9月18日の欧州議会と欧州連合理事会の指令2000/53/EC）も欧州指令の一種で，廃自動車に関するリサイクルの指令である．鉛，水銀，カドミウム，6価クロムの4物質が該当する．切削油剤で使用する成分は該当しない．しかし，切削油剤は両指令の対象物質は使用しないが，分析結果を求められ，閾値以下である証明が必要である．

(2) 自然環境への意識の高まり

(1) 非塩素化対応

塩素化パラフィン等の塩素系極圧添加剤を含有する切削油剤は，焼却処分の際に毒性の強いダイオキシン類を発生する可能性がある．切削油剤業界全体で塩素系化合物除去の動きが進んでいる．

(2) アミン・窒素フリー化

切削油剤に使用されているアルカノールアミンは，水溶性であるため排水処理性（凝集沈殿処理での除去）が悪く，排水処理の負荷や水質汚濁といった自然環境への影響や，また焼却処理の際には，人体や大気に影響のあるNOx（窒素酸化物）を排出する．さらに作業環境面でも皮膚刺激や臭気の問題がある．

アルカノールアミンや窒素を切削油剤から取り除く事は既存技術では困難だが，欧米では一部アミンが使用規制対象となっていることから，いずれ日本でもトレンドとなると予想される．

(3) ゼロ・エミッション

ゼロ・エミッションは生産過程で排出される廃棄物・廃液・熱等を工場内で再利用・循環させ，最終的には工場全体から廃棄する物質をゼロにするという思想であり，切削油剤においては廃液量の削減や廃液処理時の廃水や焼却熱の再利用等が挙げられる．

5. これからの切削油剤[4]

これらのことも踏まえ，これからの切削油剤は，不水溶性切削油剤から水溶性切削油剤への移行，さらに水溶性切削油剤においてもエマルションタイプからソルブルタイプへの移行が考えられる．不水・エマルション切削油剤からソルブルタイプ切削油剤へ替えるメリットを図6に示す．

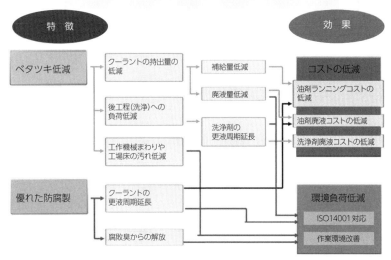

図6 不水・エマルションからソルブル油剤に替えるメリット

(1) 不水溶性切削油剤から水溶性切削油剤へ

消防法対応や火災の懸念の払拭，さらに次工程の洗浄負荷の低減，コストダウンのために水溶性化が進んでいる．

(2) エマルションタイプからソルブルタイプへ

従来からソルブルタイプは，エマルションタイプと比較して，廃液量は少なく，さらさらした使用感もあり洗浄負荷低減，クーラント寿命の延長，オイルミスト低減などメリットも多い．そこで潤滑性の高いシンセティックタイプの原料を用いることによって，エマルション並みの潤滑性を付与することができれば，鉱物油や硫黄，塩素といった極圧添加油剤も用いないため，地球環境へもやさしい優れた切削油剤となる．イメージを図7に示す．

(3) アミンフリー化

さらに，アミンフリー化が達成できれば，環境負荷の低減，非鉄金属への防食性の改善，安全衛生面での

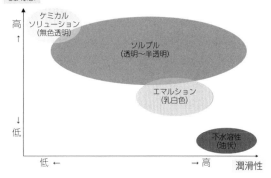

図7 水溶性油剤の方向性

改善が達成できるため，メリットは非常に大きい．油剤メーカーではアミンに頼らない防腐機構の構築などの基礎研究を続け完全アミンフリー化を進めている．

6. 液更新と液管理

水溶性切削油剤は，液更新直後の新液の状態から，長期間使用すると様々な外部要因により性能が低下してくる．適切な液更新・液管理を行なうことによって，

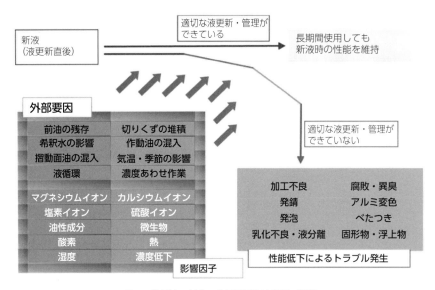

図8 使用液に対する外部要因と液管理の関係

新液の状態を維持できる．そのことをあらわしたのが**図8**である．

(1) トラブルの原因とその対策

水溶性切削油剤の性能低下には，腐敗・異臭・加工不良・発錆・液分離などがある．性能低下と影響因子，外部要因をまとめると**表4**のようになる．

(2) 油剤を適切に使用するために

つぎのことに注意しながら，油剤を使用する必要がある．

①液更新

a. 油種の選定：加工内容，工作物材質，現行使用油剤，過去の経緯などから適切な油種を選定する．

b. 希釈水性状の確認：pH，菌数，各種イオン濃度など油剤メーカーに依頼して事前に希釈水の性状を確認しておく．

c. 前油の抜き取り：できる限り追い足しではなく全更新が望ましい．タンク容量は事前に確認しておき，前油・切りくずは可能な限り除去し，タンク壁面の油状汚れなどをふき取り，建浴前にはフラッシング（水＋防腐剤の循環）を行なっておく．

d. 新液の建浴：タンクに水を張った後，油剤原液を投入し10～30分ほど循環する．屈折計を用いて適切な濃度であることを濃度管理グラフなどを見て確認する．

e. 立ち上げ時の異常の有無の確認：加工不良，発錆，著しい発泡，臭気，液外観の著しい変化などがないか確認する．

②液管理

日常的に，屈折計などを用いて定期的な濃度の確認を行い，補給量のチェックシートを作成して記録しておくようにすると，異常発生時の初期対応が取りやすくなる．また，pH試験紙など用いて使用液のpHをチェックしておくことも重要である．

③使用液性状の確認

使用液の濃度，pH，菌数などは適正範囲があるが，適正範囲からずれると様々な不具合が発生し，対応策が必要になってくる．**表5**，**表6**，**表7**に適正範囲とその対応策を示した．

表4　水溶性切削油剤における性能低下の影響因子と外部要因

性能低下	影響因子	外部要因
腐敗・異臭	微生物，油性成分，酸素，過度な気温，マグネシウムイオン，カルシウムイオン，防腐成分の濃度低下	前油の残存，切りくずの堆積，希釈水の影響，作動油・摺動面油の混入，気温・季節の影響，液循環，濃度合せ作業
加工不良	潤滑成分の濃度低下	濃度合せ作業，腐敗
発錆	塩素イオン，硫酸イオン，マグネシウムイオン，カルシウムイオン，熱，湿度，酸素，防錆成分の濃度低下	切りくずの堆積，希釈水の影響，気温・季節の影響，液循環，濃度合せ作業，腐敗
液分離	マグネシウムイオン，カルシウムイオン，油性成分，熱，乳化成分の濃度低下	前油の残存，希釈水の影響，作動油・摺動面油の混入，気温・季節の影響，濃度合せ作業，腐敗

表5　使用液濃度と適正範囲

測定値(希釈倍率)	状態	発生する不具合	対応策
10倍より濃い	濃度が高い	液分離，手荒れ，べたつき，発泡	水添加
10〜40倍	適正範囲		
40倍より薄い	濃度が低い	加工不良，腐敗，発錆	

表6　使用液pHと適正範囲

測定値(pH)	状態	発生する不具合	対応策
8.5以上	適正範囲		
8.5以下	低い	腐敗，発錆	原液添加 pH向上剤添加

表7　使用液菌数と適正範囲

測定値(菌数：個/ml)	状態	発生する不具合	対応策
10^3以下	良好		
10^3〜10^4	適正範囲		
10^4〜10^5	菌数多い	腐敗臭発生	
10^5以上	腐敗	腐敗臭発生，加工不良，発錆，液分離，配管詰まり等	防腐剤添加 pH向上剤添加

表8　防腐対策

	施策	期待できる効果・備考
油剤の選定	エマルションのソルブル化	栄養源の除去
液更新時	前油の徹底的な除去	菌／栄養源の除去
	油状物・切りくずの除去	栄養源の除去
	防腐剤による殺菌	
	オイルスキマの設置	栄養源の除去
	フィルタの設置	切りくずの除去
	切りくずの定期的な掃除	切りくずの除去
液管理	定期的な濃度測定	異変のチェック
	pHの測定	腐敗進行度合いの確認
休み前の殺菌	防腐剤の添加	殺菌

④防腐対策

これらの①〜③を確実に実施することが防腐対策になり，液寿命を延長させることにつながるためきわめて重要となる（**表8**）．

< 参考文献 >

1) 竹山秀彦監訳：切削・研削油剤その選択使い方，工業調査会（1972），p.12
2) 友田英幸：加工液の技術動向と将来展望，砥粒加工学会誌，第56巻1号（2012），p.11
3) 友田英幸：水溶性切削油剤を取り巻く環境問題と対策，潤滑経済，409号（2000），p.6
4) 山本敬ほか：環境にやさしい加工液の開発状況，砥粒加工学会誌，第55巻2号（2011），p.90

13 工作機械の知能化技術

1. 知能化技術による生産性向上

　多様な産業分野で労働人口が減少し，技能の伝承が課題となっており，切削加工を行なう生産現場においても同様の課題が指摘されている．この課題を解決する一つの技術として知能化技術が期待され，この技術は非熟練者だけでなく，熟練作業者に対しても生産性向上に貢献する可能性がある．

　生産性向上のための知能化技術として，つぎの効果が期待されている．
- 非熟練作業者の支援
- 熟練作業者にも有用な高度支援[1]
- 加工に集中できる作業環境の提供
- 常に良好な機械の提供

　知能化技術は，作業者が直感的に理解しがたい現象を，工作機械が持つ情報（センサ情報，機内計測結果など）をNC装置内で解析し，高能率あるいは高品質な生産を実現，支援する技術である．

　図1は工作機械の知能化技術で支援する領域の一例を示したものである．工具や治具，チャッキングなどは加工ノウハウとして，顧客の財産となる領域である．一方，熱変位をはじめとする機械特有の誤差などの機械特性，機械や工具により変化する最適な切削条件，衝突させない操作など加工ノウハウというよりは機械自身の特性によるものは知能化技術で支援する領域と定義している．従来は後者も，作業者のノウハウや技量の領域とされてきたが，工作機械が自ら情報を作業者に伝える，あるいは自らよい状態を保つことで，大幅に作業者の負担を減らすことが可能である．

　図1に示した工作機械メーカーが作業者を支援すべき領域において，工作機械がその力を発揮するためには，センシング技術，理論に裏付けられた解析技術，

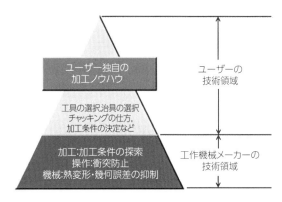

図1　工作機械メーカーが知能化技術で支える領域

操作性を阻害しないリアルタイム処理能力を機械が持つ必要がある．

　また，これら技術がより効果を発揮するためには機械設計，制御技術など機械・電気・情報の高度な融合が求められる．

　作業者を支援する知能化技術として，オークマにおける開発事例をもとに，次の4つの技術について解説する．
① 工作機械の癖として作業者に理解がむずかしい熱変位補正技術「サーモフレンドリーコンセプト」
② 5軸マシニングセンタ（以下，MCという）や複合加工機において，複雑で理解が困難な旋回軸の中心誤差などの幾何誤差計測・補正技術「ファイブチューニング」
③ 熟練作業者でも頭を悩ませるびびりと呼ばれる加工振動を回避する加工条件探索支援技術「加工ナビ」
④ 作業者が工具と工作物に集中できる作業環境を提供する機械衝突防止技術「アンチクラッシュシステム」

2. 熱変位補正技術 [2,3]

　工作物の加工精度は，工作機械の構造物や治具，工具などの温度変化により影響を受ける．設備が設置された環境の温度変化や，主軸など自らが動作することにより発熱する構造体の温度変化，切削熱による工作物や工具の温度変化，切削液や作動油の温度変化による構造物の温度変化といったさまざまな要因が挙げられる．

　これらの温度変化による影響を抑えるため，熟練作業者は，環境温度の変化に気を配り，機械動作による温度変化を安定させるため暖機運転を行なう．これらをどのように行なうかは，熟練作業者の経験に基づき決められる．一方，熱変位は機械ごとにその特性が大きく異なり，季節の違いや加工内容の違いなどによっても特性が異なるため，熟練作業者であってもその対応は困難を極める．また，環境温度を常時安定させるには空調設備やランニングコストが高くなるという問題もある．

[1] 構造体の熱変位補正

　機械の各部が温度変化しないように，積極的に温度コントロールする方法もあるが，ランニングコストや環境を考えると，最良の方法とはいいがたい．

　構造体の温度分布によりどのような精度変化となるかは，温度分布を正確に知ることができれば解析的に推定することが可能で，この推定値に基づいて補正すればよい．しかしながら，温度分布を正確に測定することはむずかしいばかりでなく，送り軸の直角度のような幾何的な誤差は補正できないため簡単ではない．

　たとえば，**図2**のようにコラム前後の温度に差異が生じると，コラムは傾き，直角度が変化する．単純な刃先位置の変化だけでなく，直角度に変化を生じさせると，補正だけでは対応できなくなる．

　熱変位補正の高精度化には，**図3**の「サーモフレンドリーコンセプト」に示すように，環境温度変化や運転による温度変化に対して，幾何的な誤差が生じにくいように，熱変形を単純化させる機械の基本構造の設計と，均一な温度分布となるように，カバーや周辺機器の配置を設計したうえで，できる限り少ない温度センサで熱変位を推定し，補正する技術が必要となる．

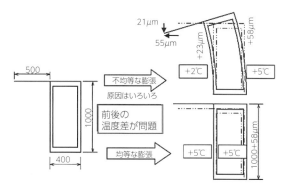

図2　熱による機械構造の変形 [2]

図3　熱変位補正技術を実現する技術要素 [3]

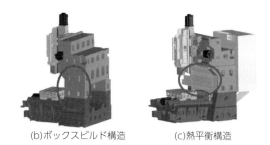

(a)熱対称構造　　(b)ボックスビルド構造　　(c)熱平衡構造

図4　熱変位抑制技術を実現する機械構造 [3]

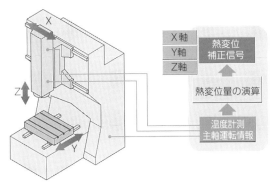

図5 熱変位補償システムの構成[2]

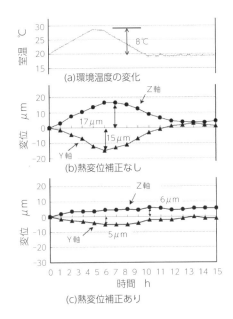

図6 立型 MC における熱変位補正の効果[2]
(主軸回転なし，切削油剤不使用)

図4は熱変形の単純化と温度分布の均一化を実現した立型 MC の構造を示す．できる限り左右均等な，(a) 熱対称構造で，単純なブロックを積み上げた，(b) ボックスビルドコラム構造として素直な熱変形を実現させ，さらに加工室と機外に挟まれる構造部は，カバーの工夫などにより温度分布の均一化を行なった，(c) 熱平衡構造を採用している．

熱変位補償システムの構成を図5に示す．機械各部に埋め込まれた温度センサからの温度計測データ，それに主軸運転情報から熱変位の推定演算を行ない，対象となる送り軸のサーボアンプに熱変位補正信号を補正値として指令する．

図6は環境温度（室温）で8℃の温度変化を与えた場合の熱変位補正効果を示したものである．図のように最大 17μm の Z 軸方向熱変位が，熱変位補正を行なうことにより，6μm に低減されているのがわかる．

[2] 主軸の熱変位補正

主軸の回転に伴う発熱は，熱変位の主要な要因である．回転主軸の直接的な温度測定は困難であるため，実験により求めた温度時定数を用いて，主軸軸受の外輪付近の軸受温度から回転主軸の温度を推定し，それに対応した相当熱入力を求め，さらには主軸回転速度が変化した後の熱変位時定数から，最終的に主軸の熱変位を推定することになる（図7）．

軸受外輪付近の温度変化と主軸の温度変化の間には，一次遅れの伝達関数で表わされる関係があり，(1) 式により軸受外輪付近の温度 T_{Bn} から回転主軸の温度 Ts_n を推定することができる．

$$Ts_n = Ts_{n-1} + (T_{Bn} - Ts_{n-1}) \cdot \Delta t / \tau_n \quad (1)$$

ここで，τ_n は一次遅れの時定数，Δt は演算間隔である．

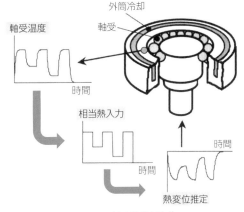

図7 熱変位推定法[4]

ところで，主軸の熱変位を推定するためには，回転速度に依存する熱変位特性を考慮する必要がある．すなわち，回転主軸の熱伝達率は回転速度により変化し，回転速度が大きいほど主軸表面から放熱されやすく，それだけ熱伝達率が大きくなる．

立型 MC の Z 軸方向の熱変位測定結果では，回転速度を上げた場合と下げた場合のいずれも，熱変位時定数は当初の回転速度に関係なく回転速度が低くなると熱変位時定数は大きくなり，高速になるほど時定数は小さくなり一定値をとる傾向を示す．

一方，軸受外輪の測定温度の時定数は，外筒冷却の効果により主軸回転速度に関係なく一定の値を示す．図8は軸受外輪付近の温度時定数と熱変位時定数の比（時定数比）について，主軸回転速度に対しプロットしたものである．図から，回転速度が大きくなるほど時定数比が小さくなっており，回転体の温度時定数が小さくなる．

(1) 式中の時定数 τ_n は，主軸の回転速度に対する図8の時定数比を考慮して，回転速度の関数として演算することによって，高精度な熱変位補正が可能となった．

最大回転速度 1.5 万 min^{-1} の主軸をさまざまな運転パターンで運転した場合の，熱変位補正「TAS-S」の効果を図9に示す．図のように最大 $39\mu m$ の熱変位が，熱変位補正により $4\mu m$ まで低減されている．主軸回転速度を頻繁に変化させた場合においても，よく補正されていることがわかる．

一方，回転速度に依存する熱変位特性を考慮しない一般の熱変位補正では，主軸回転・停止時や主軸回転数が断続的に変化する過渡状態で最大 $15\mu m$ の誤差が生じているのがわかる．

また，熱変位補正がない場合，回転速度を変化させた際にインパルス状の熱変位が見られる．これは回転による主軸の遠心膨張や軸受接触角の変化による軸方向変位である．この機能「TAS-S」では，これら熱変位以外の変位も考慮した補正を行なっている．

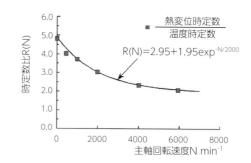

図8 温度時定数と熱変位時定数の比の関係[2]

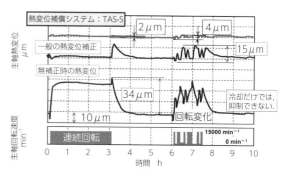

図9 主軸の熱変位補正技術の効果[3]

3. 幾何誤差計測・補正技術[5]

5軸制御 MC や複合加工機では，旋回中心の位置誤差，直角度，平行度などの幾何誤差と呼ばれる誤差があり，旋回動作を含む加工では加工精度に大きく影響する．この旋回動作を含む加工は，熟練作業者であっても機械動作の想定がむずかしく，それゆえ加工精度の劣化が何に起因しているのか，要因分析をすることが困難である．

図10 は ISO 10791 で規格化されている検査方法で同時5軸加工された円錐台の真円度を，同時2軸の外径加工と比較したものである．門型 MC において X 軸方向の誤差が生じた場合，3軸加工では真円度誤差に影響しないが，5軸円錐台加工では C 軸中心誤差が真円度に影響することになる．

このように，幾何誤差の種類やワークの設置位置によって，複雑に真円度の大きさや崩れ方が変化するため，原因を推定することが困難である．また，幾何誤差によって図11に示すように，同一平面を異なる工具姿勢（角度）で加工する場合に段差が発生し，金型などの加工で問題となる．

図12に示すように5軸制御工作機械では13種類の幾何誤差がある[5]．3軸MCの幾何誤差は直角度と主軸と送り軸の平行度（主軸の傾き誤差）の5種類であるが，5軸制御MCの場合は，これらに加え回転軸の中心位置誤差（4種類）と回転軸中心と直線軸の平行度（4種類の傾き誤差）の計8種類の幾何誤差が加わる．

作業者による幾何誤差の調整は，一般に回転軸の中

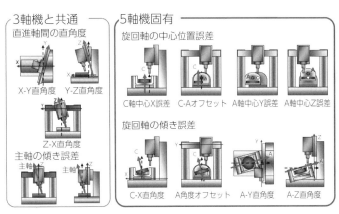

図12 テーブル旋回形5軸機（門型MC）の幾何誤差[5]

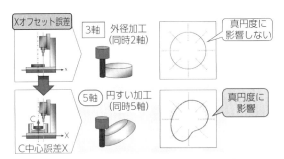

図10 5軸円錐台加工での幾何誤差の影響[5]

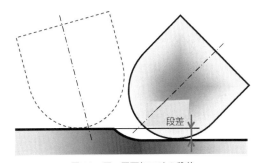

図11 同一平面加工時の段差

心位置誤差の4種類に対してのみ手作業で行なわれ，熟練者であっても大変な時間を要する作業である．しかもこれらの幾何誤差は，機械移設時や移設後の基礎の変化，さらには工場環境の変化（たとえば季節によってエアコンから吹出す風の当たり方が異なる）などによっても変化するため，高精度加工を維持するためには定期的に計測して補正する必要がある．

[1] 形状創成理論と計測技術

多軸制御工作機械の誤差を演算する方法として形状創成理論[6]が知られている．形状創成理論は工作機械の工作物から工具までの軸構成を数学モデルで表現し，工作物に対する工具の位置誤差を数式で表わすことができる．これにより工具の位置誤差を各種の幾何誤差の関数として表現し，この関数から各幾何誤差を求めることができる．

幾何誤差を求める方法として，さまざまな計測方法が提案されている．その一つがボールバーと呼ばれる2球間の距離を精度よく計測する測定器による方法である．本来，円弧動作をさせた際の真円度を測定するための測定器であるが，回転軸1軸と直進軸2軸を同時動作させて幾何誤差を計測する方法[6]なども提案されている．

同時動作させる軸を減らすことにより誤差の導出が簡単になるため有効な方法であるが，この計測方法には熟練が必要で，計測機器の取り扱い技術と労力を要する．定期的に幾何誤差を計測し補正するためには，計測熟練者でなくとも加工現場で作業者が簡便に幾何誤差を計測補正できる自動化技術が必要となる．

[2] 幾何誤差の自動計測技術

工作物の原点設定や寸法計測などで使用されるタッチプローブと，3次元計測などで使用される真球度の高い基準球を利用することで，幾何誤差の自動計測が可能となる．

回転軸をさまざまな角度で割出し，そのときの基準球の中心座標をタッチプローブで計測する．球の中心座標は**図13**のように基準球の表面を4点以上タッチして取得した座標値から求めることができる．テーブルを回転させて計測した球中心座標群は誤差を含んだ円弧軌跡を描き，この円弧誤差と幾何誤差の関係式から，幾何誤差を演算により求めることができる．

5軸MCでの作業の手順は，つぎの通りである．
① テーブル上にマグネットに取り付けられた基準球を固定する．固定位置はどこでもよいが計測精度を高めるためには，動作が許される限り旋回中心から離れた位置がよい．
② 基準球の真上にタッチプローブを移動する．

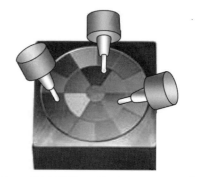

図14 幾何誤差補正の効果確認テストピース[5]

③ 自動計測プログラムを起動する．

自動プログラムの動作と内部の演算処理の概要を次に示す．
① 任意に置かれた基準球の中心座標を計測
② あらかじめ決めた複数の計測姿勢になるよう回転軸を割り出して基準球中心を計測
③ 計測値から各幾何誤差を演算
④ 演算された幾何誤差を新たな補正値として更新

この方式では，テーブル旋回形5軸機の場合，13種類の幾何誤差のうち主軸-Z軸平行度以外の11種類を同定することが可能である．計測時間は，同定する幾何誤差の数や機械によるが，およそ5分～10分程度である．

5軸制御MCで，同一平面をさまざまな工具姿勢で加工（**図14**）した際の，平面度を補正方法の違いで比較した．旋回軸の中心位置誤差（**図12**の4種類）のみを計測し補正した場合の平面度は12μmであったのに対し，自動計測技術で11種類の幾何誤差を補正した場合の平面度は，3μmと大幅な精度の向上が実現した．

図13 基準球の中心座標の計測

4. 加工条件探索支援技術[7]

加工条件の設定においては，加工時のびびり振動が課題となる．熟練作業者は加工時の音や機械振動から，より適切な切削条件へ変更するノウハウを経験的に持っている．しかしながら，びびり振動の発生原因

は複雑で多岐にわたり，熟練作業者であっても回避する条件を選択することは困難であることが多い．

[1] びびりの種類と対策

加工による振動問題には，その発生メカニズムによっていくつかの種類に分類することができ，それぞれの対策方法は異なる．

ここでは，最も一般的な再生びびりと強制びびりについて，発生メカニズムと対策方法について述べる．

強制びびりは，断続切削のように周期的な力が働き，その周波数が工具-主軸あるいは工作物の固有振動数と一致すると大きな振動となる．その振動振幅の大きさは，ある周波数の力の振幅とコンプライアンス（剛性の逆数）の積で求めることができる．

切削力が振動の要因であれば，主軸の回転速度を多少ずらすことにより，コンプライアンスが小さくなり振動を抑制することができる．

再生びびりは，自らの振動がさらに大きな振動を励起する自励振動である．加工中に何らかの原因で振動すると，加工表面には周期的なうねりが残される．

図15に示すように，次回この近くを切削すると，切り取り厚さはこの周期的なうねりの影響をうけ，切削力が変動する．この周波数が振動しやすい周波数であれば，この切削力の変動はさらに大きな振動へと増幅され，加工表面にはより大きな周期的なうねりが残される．こうした振動は指数関数的に増大するため，製品不良となったり，工具の損耗を極端に早めたりする場合がある．

びびり振動に対して，その発生のメカニズムを理解することにより，再生びびりを回避して高能率な加工を行なうことが可能となる．

再生びびりは，自励振動が成長も減衰もしない安定限界の条件を解くことにより，**図16**に示す安定限界線図が求められる．

この例では，安定限界の切込みより大きくなれば不安定になる．主軸回転速度が大きな領域では，切込みが大きな領域まで安定に加工できる領域がある．とく

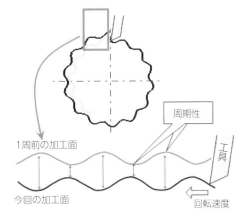

図15　再生びびり振動の発生[7]

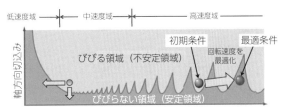

図16　安定限界線図の一例[7]

にアルミニウムのように高速切削が可能な工作物の場合には，この領域まで主軸回転速度を上げて加工するとよい．

一方，中速度域では，回転速度を変更しても切込みが大きくできる速度は見つけるのが困難である．

切削速度を上げられない工作物の場合，切込みを小さくするか，安定した切込みが大きくなる低速度域まで下げるとよい．この低速度域では，工具の逃げ面の摩擦などによる減衰が大きくなるため，安定な切込みが増大するとされている[8]．

[2] 再生びびりの抑制技術

実際の加工現場で前述のようなびびりの対策をする場合，専門的な計測技術と解析技術が必要となる．**図16**の安定限界線図を得るためには，インパルス加振などにより工具や加工物の伝達関数を得る必要があ

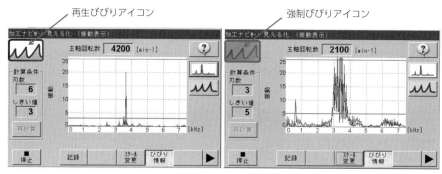

(a) 再生びびり振動発生時　　　(b) 強制びびり振動発生時

図17　びびり判定機能

り，機械加工の作業者が計測することは，困難な場合が多い．

びびり振動を抑制する知能化技術の事例について説明する．びびり振動を加速度センサやマイクで検出し，高速フーリエ変換により周波数分析する．図17が周波数分析結果の一例である．(a)はピークが1本であるのに対して，(b)は複数のピークが一定間隔で見られる．(a)は再生びびり，(b)は強制びびりで，よく見られる周波数特性であり，それぞれの図の左上にあるアイコンで，その種類を自動判別して表示している．

前述のように，再生びびりの対策は高速度域と中速度域で異なる．本技術では，図18に示すように，高速度域は主軸回転速度を変更し，中速度域は主軸回転速度を変動させて対応する．

高速度域では，周波数分析で得られたピーク周波数から，びびりが回避できると予想された主軸回転速度の候補をいくつか表示する機能と，最適主軸回転速度を制御装置が自動探索する機能がある．びびり振動周波数に対して，主軸回転速度を整数倍にすることで切り取り厚さが均一となり，びびりを抑制できる（図19）．

図20は最適主軸回転速度を制御装置が自動探索する機能の構成である．主軸に取付けられた加速度センサからびびり振動データを取得し，周波数分析，最適回転速度演算を行ない，主軸回転速度を自動で変更する．びびり振動が抑制されていなければ，よりよい主

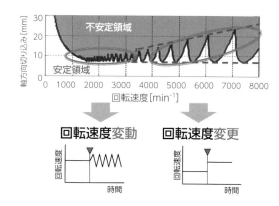

図18　高速・中速度域の再生びびりの抑制方法

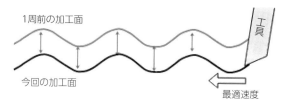

図19　高速度域再生びびりの抑制概念[7]

軸回転速度を探索し変更する．この動作を繰返し，びびり抑制に最適な主軸回転速度を自動で探索する．

図21は最適な主軸回転速度を自動探索する機能を使い加工した事例である．金型キャビティを想定したポケットの側面を，図の右から左へ加工しており，はじめはびびりが見られたが，本機能を有効にするとび

図 20 びびり抑制を自動回避する機能の構成[3]

図 23 主軸回転速度変動によるびびり抑制事例[7]

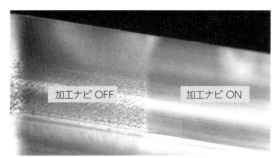

図 21 最適主軸回転速度の自動探索機能の効果

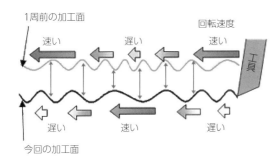

図 22 中速度域再生びびりの抑制概念[7]

表 1 中ぐり加工の切削条件

工作物材質	S45C
インサート	ノーズ半径 R0.4
加工穴径	φ34.4mm
切込み	φ0.4mm
主軸回転速度	1,800min^{-1}
切削送り速度	0.08mm/rev

びびりが抑制され，加工面が大幅に改善されているのがわかる．

中速度域の再生びびりに対しては，一般的に主軸回転速度を低下させるなど加工条件を下げて対応するが，加工条件を下げず主軸回転速度を変動させることでも対応可能である．図 22 のように主軸回転速度を変動させることで，切削力変動は非周期的となり再生効果が小さくなる．

表 1 の切削条件で中ぐり加工を行なった結果を図 23 に示す．中ぐり加工でのびびりが，「加工ナビ」の主軸回転速度変動を利用することによって，加工面が良好となりびびりの抑制効果が確認できた[7]．

びびり振動はさまざまな条件が複雑に関連しており，経験を多くもつ熟練作業者であっても容易に対策することはむずかしく，理論的アプローチであっても未解明の部分もあり完全な解決にたどり着くのはむずかしい．本知能化技術は，作業者が加工条件を試行錯誤する上での次の対策指針を示すことも重要と位置付け，(a) 高速度域再生びびり，(b) 中速度域再生びびり，(c) 強制びびりに判別し，提示することができる．

熟練作業者であっても，対策に要する試行錯誤の時間を短縮することができる．

5. 機械衝突防止技術[3, 9]

機械衝突を防止するため，初めて動作させる加工プログラムの場合，1 ブロックずつ起動させたり，オーバーライドを下げて動作させたりして動作確認を行なう．この動作確認は，工作機械の非切削時間を長くさ

せ，生産性が下がるため極力削減したい．

また，5軸MCや複合加工機において，プログラム動作の確認作業で，刃先や加工に集中していると，他の部位で機械干渉して衝突してしまう場合がある．これは熟練作業者であっても新規に導入した設備機であれば回避はむずかしい．また，動作が確認されたプログラムであっても，工具補正など補正値の入力ミスによっても機械衝突の危険がある．機械衝突は長期の生産停止と修理費を発生させるリスクである．

これらを解決する手段として，機械衝突防止技術が期待されている．機械衝突を防止する方法には，CAMや切削シミュレーションソフトなどに搭載された簡易的な干渉チェック機能を利用する方法，あるいはPC上で機械モデルを搭載した本格的な干渉チェックソフトをオフラインで利用する方法がある．

これらは工作機械を停止する必要がないため，機械稼働率を向上させる手段として，非常に有効な方法である．しかしながら，たとえ後者の方法であっても，実際の機械とモデル化の相違や実際の工具長や補正値の相違などにより，完全な再現はむずかしい．

制御装置を搭載した工作機械の場合，制御装置が機械の動作を把握していることから，制御装置内部で実際の機械動作より少し先行して，動作シミュレーションすることで干渉を予知し，機械動作を停止させることが可能である．

図24に本機能を搭載した制御装置の構成を示す．1つのNCコンピュータ上で，リアルタイムOSとWindows OSの2つのOSが並行して動作する．リアルタイムOSで機械動作を制御し，Windowsプラットホームで3Dグラフィックシミュレーションソフトウェアが先行動作される．リアルタイムOSは3Dグラフィックシミュレーションと，先行した制御位置情報と衝突有無の情報などのデータ交換をリアルタイムに行なっている．この制御技術により，自動運転モードだけでなく手動操作モードにおいても，機械衝突の防止を可能としている．

図25に機械衝突防止機能のシミュレーション画面

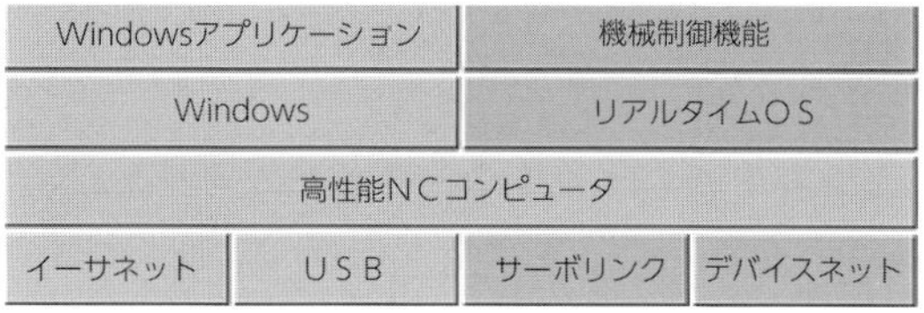

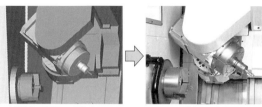

図24 機械衝突防止技術の装置構成[3]

図25 機械シミュレーション画面と実際の機械状態[3]

と実際の機械状態を示す．本機能の使用により，複合加工機において機械準備時間と初品加工時間が40％短縮されたケースもあり，機械衝突が防止されるだけでなく，生産能率の向上にも寄与している．

機械作業者には生産業務に集中し，加工技術のノウハウ創出に注力していただく環境を提供することも，工作機械メーカーの重要な役割であると考える．知能化技術のさらなる深化と，新たな知能化技術が開発されることを期待したい．

<参考文献>
1) 千田治光：熟練者を助ける「衝突回避技術と熱変位抑制技術」，日本機械学会誌，111巻1073号 (2008)，p.26
2) 佐藤礼士，千田治光：工作機械の高精度な熱変位補償 システム，検査技術，9巻2号 (2004)，p.17
3) 吉野清：インテリジェント化の実際と将来展望，機械と工具，2巻1号 (2012)，p.16
4) 千田治光：熱変位補正を適用したマシニングセンタ，実用精密位置決め技術事典，産業技術サービスセンター (2008)，p.525
5) 松下哲也：5軸チューニングシステムによる5軸加工精度のレベルアップ，機械技術，60巻7号 (2012)，p.46
6) 稲崎一郎：工作機械における形状創成理論の体系化と応用，日本機械学会論文集 (C編)，60巻574号 (1994)，p.1891
7) 安藤知浩：加工ナビをはじめとした加工能率向上の取り組み，機械技術，61巻5号 (2013)，p.34
8) 社本英二：切削加工における振動の発生機構と抑制，電気製鋼，82巻2号 (2011)，p.143
9) 深谷安司：衝突防止機能を搭載したインテリジェントNC装置，機械と工具，49巻2号 (2005)，p.19

14 機械加工における環境・安全対応技術

1. 環境保全型／循環型の経済社会へ[1]

　企業の究極の目的とその存在意義は，利益を生み出し企業が存在し続けることであり，1960年代後半から1970年代にかけての高度成長期には，いかに効率的に売上増大，利益向上，費用削減，市場シェア拡大を実現するかを目標に，市場競争力の強化を目的に展開されてきた．

　この結果，大気汚染や水質汚濁といった公害問題が深刻化するとともに，過剰生産，過剰消費に伴う資源・エネルギー問題が顕在化し，「成長の限界（地球の有限性）」の認識と成長の副産物への批判，さらには企業の社会的責任に関する論議が活発化してきた．

　そして1980年代後半から1990年代以降にかけて，地球温暖化やオゾン層破壊といった地球規模の環境問題が社会全体の課題となった．

　こうしたなか，解決のための国際的な取組みが必要となり，温暖化ガスの排出量削減に関する「京都議定書」を始めとして，1992年リオデジャネイロで開催された「環境と開発に関する国連会議」，いわゆる地球サミットで「リオ宣言」が採択された．その後，産業界自らが環境汚染防止のための環境マネジメントに取り組む必要性が国際的に高まり，環境改善のための環境マネジメントシステム ISO14001 が1996年に発行された．

　これらの環境問題は，従来型の産業公害問題から，地球規模の空間的広がりを持ち，その影響が長期にわたり持続する時間的広がりを持つものになってきた．これらの課題を克服し，21世紀に向けて良好な環境の維持と持続的な経済成長を両立させるために，現在の経済システムの根幹を成す大量生産・大量消費・大量廃棄型の経済システムの転換が迫られてきた（表1）．

表1　20世紀の経済社会から環境保全型社会へ

20世紀の経済社会	環境保全型の経済社会
高度成長，フロー重視型	安定成長，ストック活用型
大量生産・大量消費・大量廃棄	最適生産・適量消費・最少廃棄
規模の経済中心，範囲，連結，合意の経済性	規模，範囲，連結，合意の経済の並立
労働生産性の向上	資源生産性の向上
使い捨て製品・モデルチェンジ	長期耐用型製品
地下資源の浪費	地上資源の活用
製造業中心	農工連携，製造業のサービス化，循環促進型の産業構造
国主導，輸出主導	地域主導，グローバル化と地域経済との補完関係
2セクターによる経済構造	3セクター（「協」のセクターの追加）による経済構造
経済合理性・経済効率性の追求	環境合理性・環境効率性の追求

（資料：環境庁）

　すなわち，これまでの経済社会においては，環境制約や資源制約への対応が十分に織り込まれておらず，そこで容認されてきた社会的ルールや行動規範を転換し，環境制約や資源制約への対応を産業活動や経済活動のあらゆる面にビルトインした，いわば環境と経済が統合された新たな「循環型経済システム」を構築することが急務となってきた．

　やみくもに走り続けた20世紀，それまでの利益優先，利益第一の経済社会から，経済効率と環境を両立した環境保全型の経済社会への転換を図る必要があった．すなわち大量生産・大量消費・大量廃棄の20世紀型マネジメントから最適生産・適量消費・最小廃棄への転換がなされるに至った．

　環境保全は企業の社会的責任であり，かつ持続可能な企業経営のために必要不可欠で，有限の地球環境の保全へ，一人一人が地球市民として取り組むのが務めである．

　世界の0.3%の土地と2%弱の人口割合を持ち，天

然資源に乏しいわが国は，世界最大規模の製造力と経済力を有し，生産・産業活動そして生活に大量の資源・エネルギーを使用し，鉱物資源の消費量は世界の15％にも及ぶ．この結果，わが国の物質輸出と輸入量は大幅に均衡を欠いており，その投入量と産出量の物質収支（マテリアル・バランス）の概要を図1に示す．

まずは製品設計段階で省資源を心がけ，消費後のリサイクルと廃棄を考慮した環境配慮（グリーン）設計を行なう．その際，原料採取→購買→加工→流通→消費→リサイクル→廃棄という製品の一生を通じて，総合的環境性すなわち有限資源採取・物質収支，エネルギー消費，水質汚染・大気汚染・有毒物質排出，地球破壊ガス排出，動植物への影響などの定量的分析・評価をする．その技術的立場が製品ライフサイクル分析／評価（LCA：Life Cycle Assessment）である[2]．

これらサイクルのなかで静脈技術，静脈産業の創生により，既存の動脈産業と合わせて循環型社会を形成することが，これからの企業の果たすべき役割である．なお，ここで静脈産業とは，動脈産業のアウトプットである製品が使用・消費されたあとの廃棄物をインプットとする．

そしてこれをリユース（Reuse：再利用化）またはリサイクル（Recycle：再資源化）し，地球ではなく動脈産業に戻すことと定義する．そして，動脈産業における廃棄物そのものをリデュース（Reduce：省資源化）することを合わせ，3Rによって動脈産業と静脈産業をあたかも人間の血液循環系のごとく回すこと

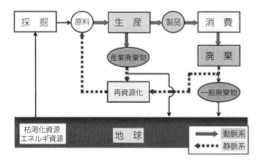

図1 生産—消費—廃棄—再資源化の流れ（参考文献2の図に加筆）

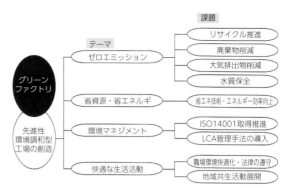

図2 グリーンファクトリの取組み例（ホンダ）

により，循環型経済社会を形成することを狙いとしている．

こうした環境課題に対し，自動車メーカーにおいては資源効率，環境効率を考慮して図2に示すグリーンファクトリ化が進められ，個々の課題に対し具体的な取組みがなされてきた．

2. 工場環境と環境対策

1997年の地球温暖化防止京都会議を契機に，「環境への配慮」，「人に優しい」工作機械を目指した開発努力がなされてきた．PL法の施行，CEマーキングの普及やISO9001・14001マネジメントシステムなどの規格制定は，環境と安全に対する社会的要求の高まりを示しており，工作機械本体のみならず製造技術を含めた総合的な環境適合設計（DfE：Design for Environment）が，地球環境保護の観点からますます重要となってきており，省エネルギー設計・クリーン加工に対して積極的な取組みがなされてきた[3]．

工作機械本体の環境負荷を改めて考えてみるに，製品寿命が長く，そのうえ精度修正によるレトロフィットで再利用される場合が多く，また最終的には鉄屑として素材に再生される．このライフサイクルから明らかなように，寿命・再利用の観点から，工作機械自体は本質的にリサイクル性に富んだ環境にやさしい製品といえよう．とはいえ，まだまだ改善の余地があり，さらなる努力が必要とされている．

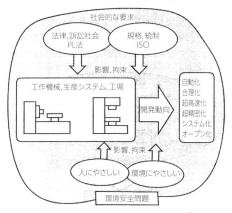

図3 工作機械を取り巻く社会環境[4]

工作機械メーカーにとって環境問題には，2つの側面がある．一つは製品である工作機械をつくる側からみた場合の環境適合設計であり，もう一つは生産現場の機械加工設備として工作機械を使う側からみたときの環境対策で，労働安全衛生の観点からも対処が必要である．後者については，後述の4節で説明する．

自動車部品の量産加工ラインに代表される生産現場では，多くの資源やエネルギーを使い，多種多様な製造工程を経て製品を生み出しており，その活動による環境への影響は多大なものがある．

それだけに図3に示すように，社会的要求や地球環境との調和，環境保全や環境安全に配慮して，高速化・高精度化・高効率化を目指した工作機械の開発が精力的に進められてきた．

環境対策として工作機械の設計段階で考慮すべき評価項目としては，①リサイクル性（再資源化，分離分別性），②廃棄性（分離分別性，廃棄処理性），③省資源性（小型軽量化，長寿命化，使用量把握），④省エネルギー性（エネルギー量把握，効率計算），⑤環境影響度（大気汚染，水質汚染，土壌汚染，振動騒音，電磁波障害），⑥管理体制（対応組織，情報管理）の6点についてチェックする必要があり，表2に示す4つのレベルに応じて，具体的な対策がなされている．

工作機械が工場内で稼働している状況においては，図4に示すように，工場内で発生し，工場外（近隣住民）に影響を及ぼし，さらに工場にフィードバックされることを想定する必要があり，主な課題として次の4項目が挙げられる．①廃棄物の処理対策，②騒音・振動・電磁波の抑制対策，③リサイクルシステムの構築，④省エネルギー仕様への移行である．

現在，工作機械メーカーが注力している環境対応技術としては，省エネルギーとクリーン加工技術があり，省エネルギーを実現するために，工作機械本体と周辺機器関係についてゼロエミッション，省資源・省エネルギーの観点から見直しが行なわれている．

一例として機械加工工場における消費エネルギーの割合と工作機械の電力消費構成を図5に示す．工場における消費エネルギーの70％を工作機械が占め，そして工作機械における電力消費構成はクーラント（切削油剤）装置の30％，冷却装置の14％，主軸の11％と，これらだけで工作機械全体の55％を占めている．

表2 環境レベルと対策例[4]

(a)	作業環境	ドライ・セミドライ切削，省エネ対策，ミスト・粉塵対策，騒音防止対策，油圧レス，潤滑油レス，非切削加工時間の短縮
(b)	工場環境	空調設備の省エネ化，集中クーラント化，振動・騒音防止対策，電磁波ノイズ対策
(c)	地域環境	切りくず処理，油剤等の廃油処理，リサイクル化
(d)	地球環境	フロンなどの環境負荷物資部の排除

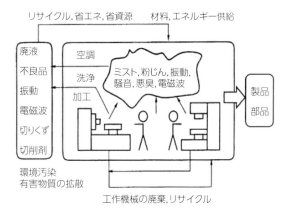

図4 環境関連の技術課題[4]

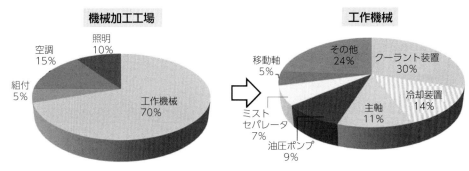

図5 機械加工工場の消費エネルギー割合と工作機械の電力消費構成（JTEKT）

このため，環境対策としては工作機械の省エネルギー，そして工場内の労働環境衛生の観点からの環境対策が必須となっている．

3. 工作機械の環境適合設計

工作機械のライフサイクル全体を通じての環境負荷を低減することを目標とし，具体的な環境適合性評価項目として，省エネルギー，レデュース（省資源化），リユース（再利用化），リサイクル（再資源化），廃棄処理容易性，環境保全性，梱包・搬送資材，環境適合性に関する情報提供など，開発・設計段階から廃棄までのライフサイクル全体にわたる環境負荷を評価／検証する製品アセスメントの実施が要請されている．

ここでは，工作機械の環境対応として，省エネルギーとクリーン加工に絞って説明する．

実際の加工サイクルにおける工作機械の消費エネルギーは，図6に示すように，工作機械が停止中も電気機器を保持するための①待機エネルギー，工作機械が稼働中に固定的に必要とする②定常エネルギー，そして加工状態などの動きによって変動的に必要とする③動的エネルギーの3つに分類される[5]．

①待機エネルギーは，運転準備状態でモータやバルブなどの電機機器を保持するためのエネルギーであり，アイドルストップの考え方を活用し，こまめに電源を切るなどの節電が必要である．

ある調査によれば，工作機械の平均通電時間は268

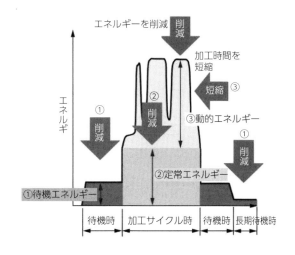

図6 工作機械の消費エネルギー[5]

時間／月，平均運転時間は150時間／月であり，この差の118時間／月が待機エネルギーを消費している時間で，ワーク交換などの段取りもしくは機械が停止している状態であるとの報告がある．

このため，機械停止時の切削油ポンプ，チップコンベヤ，サーボモータ，表示器，機内照明などの節電により，省エネルギーの効果が期待できる[6]．

②定常エネルギーは，工作機械が稼働中に固定的に必要とするエネルギーであり，生産時間全体にわたり消費するため，絶対量を低減することができれば，生産時間に比例して効果を高められる．たとえば油圧ポ

ンプのモータ速度を，アクチュエータの動作中と圧力保持中で可変制御することで，消費エネルギーを抑制できる．

③動的エネルギーは，加工状態などの動きによって変動的に必要とするエネルギーで，加工効率を高め加工時間を短縮することと，必要なエネルギーを低減することの両方が必要となる．たとえば高速主軸では軸受潤滑にオイルエア方式を採用するのが一般的であるが，この方式では大量のエアを消費しエネルギー消費量が多くなる．

これを信頼性が高く，長寿命のグリース潤滑軸受を採用できれば，エア消費量を大幅に削減できることになる．また主軸端の防塵・防滴対策としてエアパージが採用されるが，すきまが大きく偏りがある場合には，エア消費量をむだにするだけでなく，位置によっては負圧を発生し逆効果になる場合もあるので，適正な静圧シール構造とするのが望ましい．

これまでの各種工作機械についての測定結果から，切削油剤ポンプの消費電力の占める割合がかなり大きく，とくに高圧のスピンドルスルー切削油剤ポンプを使用したときには工作機械全体の60％を超える場合もある．

このため切削油剤を使用しない，あるいは少なくする方策として，ドライ加工やMQL（Minimum Quantity Lubrication）加工法などが提案されている．これらは省エネルギーと同時に，クリーン加工の実現を狙ったものであるが，加工できる対象が限定されているのが実状である．

自動車部品の量産加工ラインにおいては，クーラント（切削油剤）は本来の目的である切削加工点の潤滑・冷却作用のほかに，切削加工部位からの切りくず流しとしての重要な役割を担っている．実際の加工ラインでのトラブルの大半が切りくずに起因するいわゆる「チョコ停」で，省エネルギー対策としてクーラントの流量を絞ることによって切りくず流しの機能が低下し，その結果，機械加工ラインの停止による損失が増大すれば環境対策も逆効果となってしまう．

こうしたなか，環境負荷の少ない，環境に適合した工作機械の設計とその製造プロセスについて，これを定量的に評価するための「工作機械の環境適合設計ガイドライン」が，日本工作機械工業会の工作機械の環境に関する標準化調査専門委員会から，提案されている．

このガイドラインは，①省エネルギーの評価，②リデュース（省資源化）の評価，③リユース（再利用化）の評価，④リサイクル（再資源化）の評価，⑤廃棄処理容易性の評価，⑥環境保全性の評価，⑦梱包・搬送資材の評価，⑧環境適合性に関する情報提供の評価，⑨総合評価，⑩環境適合設計アセスメントの実施方法の評価，の10項目からなる評価項目を提案している．

このように消費エネルギーの内訳を詳細に分析し，工作機械の設計仕様を考慮しながら，小さな省エネルギー対策を一つ一つ積み上げて環境対策を実施していくほかない．これまでに採られている工作機械の環境対策例を表3に示す．

環境対応というと，油圧と空圧，それに切削油剤と潤滑油がさも悪者のように扱われる風潮にあるが，それぞれ代替が効かない特徴を持っており，それらの特質を十分理解したうえで環境対策に取り組む姿勢が必要である．図7は切削油剤関連の環境負荷の軽減化を実現するための課題を整理したもので，切削油剤メー

表3 工作機械の環境対策例[3]

省電力	待機電力の低減，非加工時の省電力モード 加工時間・非加工時間の短縮 主軸慣らし運転時間の短縮，ガススプリングの活用 ATC/マガジン旋回のインバータ化 オイルクーラー・高圧クーラントポンプのインバータ化 LED照明の採用，強電盤内の間欠冷却
省エネルギ	省エネルギ運転，高効率機器の採用，油圧レス 省エネルギ生産ラインの構築，設備の定期的メインテナンス 主軸軸受の極少量潤滑法，グリース潤滑への転換 APC旋回時のエア消費量削減，エアブロー・エアシールの最適化
省資源	ドライ・MQL加工，取りしろの極小化，切りくずの回収・分別，クーラント量の適正化，集中クーラント管理 環境に優しい切削油剤の採用，切削油剤の適正管理． 摺動面潤滑me適正化，ボールねじ・リニアガイドの廃油レス潤滑 生分解性・アンチミストタイプ潤滑油の採用 グリーン調達，廃棄物管理と3R（Reduce, Reuse, Recycle） ライフサイクルアセスメント（LCA）

14 機械加工における環境・安全対応技術 145

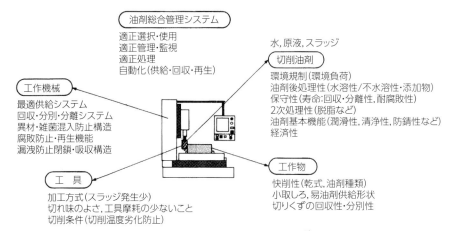

図7 切削油剤関連の環境負荷軽減対策[7]

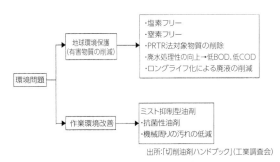

図8 切削油剤の環境問題と課題

表4 切削油剤に対する要求（ネオス）

ニーズ	切削油剤への要求
生産効率・良品率の向上，リードタイム短縮	加工性の向上
加工ラインの効率的な稼働（チョコ停防止）	二次・三次性能面での不具合がない
切削油剤の種類の統一	多様な工作物材質や加工内容に対応できる汎用性
後工程への負荷低減	洗浄性の向上
継続稼働時の維持費の低減	濃度維持性の向上
廃液処理費用の低減	油剤の長寿命化
工作機械を故障させない	耐ゴム・樹脂・塗装への影響が小さい

カーにおいてはこれらの課題に対して，環境面での改善（**図8**）や機能性向上への取り組み（**表4**）が，なされている．

4. 労働安全衛生とリスクアセスメント

この30年間のわが国の全労働災害発生数のうち，機械災害発生数が約30％を占めている．この状況から，職場における機械災害防止を目指し労働者の安全衛生を確保することが，日本における労働災害の低減を実現するための重要な課題であることがわかる．

労働安全衛生法には，「労働災害の防止のための危害防止基準の確立，責任体制の明確化及び自主的活動の促進の措置を講ずるなど，その防止に関する総合的計画的な対策を推進することにより，職場における労働者の安全と健康を確保するとともに，快適な職場環境の形成を促進することを目的とする」とあり，各企業とも事故のないように「安全第一」とか「災害ゼロ」をスローガンにして安全管理を進めてきた．

これまで製造現場の安全を築いてきたのは主に経験豊かな作業者であり，現場責任者であった．しかしながら，**図9**に示すように，度重なる経営合理化のための人員削減や定年退職などにより，熟練者は現場から姿を消し始めている．その代わりとして現場に入ったのは，若年労働者や派遣・請負労働者，外国人労働者で，彼らには現場の事情やノウハウが十分に継承されていないため，安全の観点からいって非常にリスク

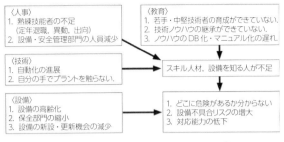

図9 日本企業の製造現場の抱える問題点[8]

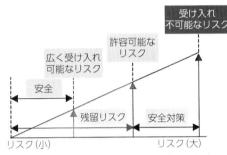

図10 許容可能なリスクと安全（向殿政男）

の高い状態になっているのが実状である.

日本と欧米では,安全に対する考え方が根本的に異なっている.日本企業の伝統である「災害ゼロ」に対し,欧米企業では重大災害の未然防止を重視する「危険ゼロ」の考え方が基本となっている.また,安全を実現する方法についても,日本では主に「人の注意力」を重視してきたが,国際的には「人は間違いを犯し,機械は壊れる」ことを前提に,主に技術力によって実現すべきものと考えられてきた.

これまで日本では「事故ゼロ」を安全と考えてきたが,国際的には「絶対安全」はありえないことを前提に,ある程度のリスクという危険性は残留していても,それが受容できる,または許容できる程度に低く抑えられている状態を安全という（図10）.

すなわち「受け入れ不可能なリスクのないこと」を安全と考えるのが一般的である．ここで許容可能なリスク（tolerable risk）とは,現在の社会的価値観に基づいて,与えられた条件下で受け入れられるリスク

を意味し,この判断基準はその時代の技術水準や社会環境によって,当然のことながら変化するものである.

このような状況下において,機械に起因する労働災害の発生を未然に防止し,作業者にとって安全な労働環境を構築するには,機械設備の本質安全設計や安全制御,リスクアセスメントに基づいた先見型の安全対策が必要となる.

すなわち,個人の経験と能力のみに依存せず,危険性または有害性を特定し,リスクの見積り及びリスクを低減させる措置を,組織的かつ体系的に実施することが重要であり,このような取組みを推進する仕組みが労働安全衛生マネジメントシステム（OHSMS：Occupational Health and Safety Management System）である.

悲惨な労働災害の発生後に,その再発を防止するために行なう従来の事後的な安全対策ではなく,リスクアセスメントの実施により,労働災害の発生の可能性を推測し,それを防止するために必要となるリスク低減の安全方策を組み入れることにより,事前的な安全対策を実施し,労働災害を未然に防止しようとするもので,2006年（平成18年）施行の「改正労働安全衛生法」では,事業者に対して「危険または有害性等の調査（リスクアセスメント）の実施」と「その結果に基づく措置（リスク低減）の実施」を,努力義務としている.

そして2007年（平成19年）に改正された「機械の包括的な安全基準に関する指針」では,「機械その他の設備を設計し,製造し,もしくは輸入する者は,機械が使用されることによる労働災害の発生の防止に努めなければならない」とされ,機械メーカーはこの指針に沿って機械を設計製造することが求められた.

このように安全に対する考え方の変遷とともに,順次法律や規格の整備がなされ,安全に関して最も基幹をなしている規格は,2003年に制定されたISO12100「機械類の安全性—設計の一般原則—リスクアセスメント及びリスク低減」である.

この規格は,機械で意図される使用に対して,安全

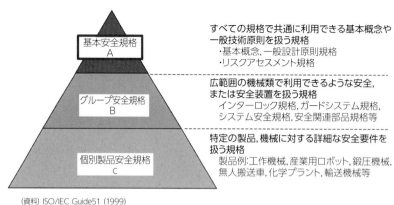

(資料) ISO/IEC Guide51 (1999)

図11 安全規格の3層構造

な機械を設計し製造するための包括的構成でガイドラインを提供すること，個別の製品規格（C規格）を作成するための戦略を提供することを目的とし，すべての機械類を設計するための基本概念，設計原則を規定したもので，機械を設計する際に必須となる安全要件が示されている．

製品安全に関する国際規格は，図11に示すように体系化されており，頂点にはA規格（基本安全規格）に分類されるISO12001があって，安全の概念と原則を規定している．B規格（グループ安全規格）は，各種製品に共通して適用することのできる規格で，ガードインターロック装置，制御の信頼性，機械の電気装置などの規格で，すでにJIS規格化されている．

最下層にC規格（個別機械安全規格）として分類される旋盤，研削盤，マシニングセンタのような製品別の安全規格がある[9]．

国際安全規格ISO12100は設計側に求められた規格体系で，リスクアセスメントは第一に製造者側の設計部門が行なうことになる．設計部門による安全性向上を最優先させる点が，現場作業者の勘や経験に依存する従来のアプローチと異なる．しかし2006年の労働安全衛生法の改訂により，使用者側にもリスクアセスメントを努力義務で実施するように求めている．

このことは機械の製造者側でも機械安全リスクアセ

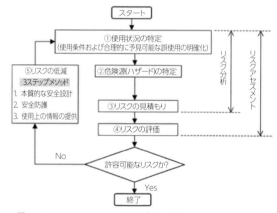

図12 リスクアセスメントの手順と安全方策（ISO14121）

スメントを実施して，本質安全設計や安全防護および付加保護策などを実施して，リスクを低減することが必要となった．

では，具体的にどのような危険源，リスクがあり，どのような手順でどう評価するのか．主な危険源の分類と事象を表5に示す．

これらの事象を念頭にISO14121によるリスクアセスメントの手順（図12）で，①対象となる機械設備の使用法や作業者，予見可能な誤使用を明確にして，②危険源の特定（同定）→③リスクの見積り→④リスクの評価というプロセスを踏む．国際安全規格ではこ

表5　危険の分類と事象

危険の分類	事　象
1. 機械的危険	押しつぶし，挟まれ，突き刺され，せん断，引き込まれ，こすれ，切断，衝撃など
2. 電気的危険	充電部との接触，絶縁不良，静電気など
3. 熱的危険	火災，爆発，放射熱，やけどなど
4. 騒音による危険	聴力低下，耳鳴りなど
5. 振動による危険	手・腕・腰・全身の運動の機能低下
6. 放射線による危険	低周波，高周波，紫外線，赤外線，X線など
7. 材料による危険	有害物質，刺激物，粉じん，爆発物など
8. 人間工学原則の見落としによる危険	不健康な姿勢，ヒューマンエラーなど
9. 機械の使用環境と関連した危険	安全対策の不備，設置ミス，機械の故障，機械部品の破損など
10. 組み合せによる危険	蒸気1～9の複数要因の組合せ

「トコトンやさしい機械設計の本」横田川昌浩ほかより引用

れらのプロセスをまとめて，リスクアセスメントと呼んでいる．

危険源の特定（同定）の後，それぞれの危険状態に対してリスクの見積りを実施する．これには，「危害のひどさ」と「危害の発生確率（発生頻度）」を考慮したうえで，「リスクマトリックス」を用いて点数を算出し，その点数によってリスクの評価を行なうことになる（**表6**）．

リスクは危害の大きさと発生する確率の積で4段階のレベルに分類され，リスクレベル①～⑤が最も甚大な想定被害であり，リスクレベル⑱～⑳が受容可能なものと判定される．

ISO12100において，安全とは「すべてのリスクレベルが⑩～⑳となった状態」のことを意味している．そのため，リスクレベルが①～⑨の項目については，リスク低減策を講じる必要がある．

なお，これらの評価基準は機械の種類や使用環境によって異なるので，企業独自で作成すればよい．ただし，実施時点での社会環境と照らし合わせて妥当であることは当然で，その適切さと公正を期すために，あらかじめルールを決めておく必要がある．日本工作機械工業会においても独自のリスクマトリックスが提案されている．

表6において，リスクレベルが⑩～⑳の安全状態に対し，「受け入れ不可能なリスク」と判定されたリスクレベル①～⑨の項目に対しては，3ステップメソッドに従って，「許容可能なリスク」にまでリスクを低減する必要がある．すなわち，リスク低減の対策は優先順位を付けた以下の3つのステップで行なわれる（**図13**）．

①本質的安全設計（危険源の除去等の構造安全）によるリスクの低減
②安全防護策（囲いや安全装置等）によるリスクの低減
③使用上の情報の提供（警告ラベルや取扱説明書など）によるリスクの低減

すなわち，①本質的安全設計とは，危険源を除去す

表6　危険の分類と事象

		危険の重大度			
		致命	重度	軽度	軽微
人		死亡	重傷害	軽傷害	軽傷害（不休）
機械		重大な二次災害	軽度な二次災害	機械の全損	機械の一部損傷
発生頻度	A 頻繁	① 許容できない	③	⑦ 望ましくない	⑬
	B 可能性あり	②	⑤	⑨	⑯
	C 稀	④	⑥	⑪	⑱ 現状のまま許容できる
	D わずか	⑧	⑩	⑭ 許容できる	⑲
	E 可能性なし	⑫	⑮	⑰	⑳

SMIL-TD-882C規格を参考に作成

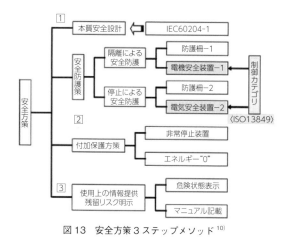

図13 安全方策3ステップメソッド[10]

るための代替手段の採用や保護構造による危険源への暴露回避のことを表す．この本質安全設計が最もリスク低減効果が高いことから，機械設計時には必ず考える必要がある．

次の②安全防護とは，危険源の除去や回避はしないものの，センサなどの検知装置を用いることで危険源への暴露頻度を低減することをいう．③使用上の情報提供とは，①②の安全方策でもなお残留リスクとして残ったリスクに対して，文書・取扱説明書や警告ラベルによって，使用の際のリスクを通知する方法をいう．作業者の視覚・聴覚に訴えかける手段で，わかりやすい表示や警告音にする必要がある．

以上の安全方策を実施した後，再度リスクアセスメントを実施し，「受け入れ不可能なリスク」がなくなるまで，このサイクルを繰返すことになる．

リスクアセスメントを実施した場合には，これら一連の評価結果と安全方策について，記録として文書に必ず残しておく必要がある．次回のリスクアセスメントや，今後の労働安全衛生活動に有効活用すべきである．また，万が一，事故が発生した場合の原因究明と責任の所在を明らかにし，再発防止に役立てることができる．

このように労働安全衛生マネジメントシステムを導入し，潜在する危険をなくす手法としてリスクアセス

メントを実施し，安全方策で対応したとしても，リスクが皆無になる訳ではない．常日頃の企業内での安全衛生会議や安全パトロール，さらには危険予知活動などの日常の啓発や訓練を通して，全社員の安全意識を高めることが肝要である．

5. 工作機械の安全設計

工作機械は本来非常に危険な機械であり，時代の要請に応じて種々の安全対策が実施されてきた．しかしながら生産能率向上のため主軸回転速度や送り速度が高速化され，また高度に自動化されてきたため，工作機械の動きもわかりにくく，危険度が年ねん増しているのが実状である．

それだけに工作機械の安全設計とともに，作業者の安全教育が必要となる．

1995年に施行された「製造物責任法（PL法）」では，製品に起因する消費者被害の責任を，ヒトの行為を基準とする「過失」から，モノの性状を基準とする「欠陥」に変える画期的なものである．この法律は全6条しかなく第三条の「製造物責任」では，製造物に欠陥があり人の生命や身体，財産に係る被害が生じた場合には，製造会社などが損害賠償の責任を負うことを定めている．

ここで，製造物の特性や通常予見される使用形態などを考慮せずに，安全性を欠いていた場合には欠陥とみなされる．そのため，設計者としても十分に安全性が確保されていることを確認し，記録に残す必要がある．

第四条は「免責事由」を示している．その製造物が市場に出た時点での，世界的なレベルにおける科学技術をもってしても，その製造物に欠陥があることを認識できなかった場合，製造業者は免責されるとしている．これは同時に，自社の技術水準では認識できなかったという言い訳が通用しないことを意味している．

企業はこれまでのように法令に基づく安全基準を満たすだけでなく，自主的により高い安全対策を進めることが重要で，製品安全の面でも「合理的に予見可能

な誤使用」への対応や，経年変化といった想定外の事故への対応も必要とされている．

このため工作機械の設計・開発における設計審査，設計検証，妥当性確認の各段階で，**表7**に示す各項目についてリスクアセスメントを実施し，その時点での自社基準ではなく世界的なレベルを基準に製品安全の評価を行ない，「許容可能なリスク」レベルにまで安全対策を実施する必要がある．しかも製造段階だけでなく，開発段階から販売後の使用に至るまでの長期的なスパンで取り組むことが大切である．

企業のブランド価値を高めるうえで，安心・安全の確保は重要な要件となっており，製品安全の取り組みを通じて蓄積された経験・ノウハウと，醸成された企業文化は企業の競争優位の源泉となる．

このため経営者が製品安全への取り組み方針を社内に明確に示し，リスク管理体制を整備し，事故情報の収集，社内への伝達，消費者への開示を行ない，製品設計，製造工程の見直し，取扱説明書の改善といった業務プロセスの継続的な改善を推進していくことが重要である．

表7 設計によるリスクの低減対策の例（ISO12100）

A. 機械自体の本質的な安全設計 　1. 鋭利な角部，突出部などの回避 　2. 本質安全設計の採用 　3. データ，専門的規制等への留意 B. 機械的結合の安全原則 　1. ポジティブな機械的作用原理 C. 人間工学原則の遵守 　1. ストレス発生の回避 　2. 騒音，振動，高温等の回避 　3. 作業／自動運転間の同期の回避 　4. 適切な照明の採用 　5. スイッチ等の適切な配置 　6. 指示・表示等の適切な配置	D. 制御システム設計上の安全原則 　1. 機械起動／停止の論理的原則 　2. 動力中断後の再起動防止 　3. 非対称故障モード要素の採用 　4. 重要構成要素の2重系化方法 　5. 自動監視の採用 　6. プロセッサ採用上の注意事項 　7. 手動制御器に関する安全原則 　8. 制御／運転モードの扱い上の留意事項 E. 空圧／油圧設備の危険防止 F. 電気的危険源の防止 G. 自動化等による危険源の防止

＜参考文献＞

1) 幸田盛堂：精密工学基礎講座「工作機械　機能と基本構造」，精密工学会（2013），p.81
　http://www.jspe.or.jp/publication/basic_course/
2) 人見勝人：生産システムの社会性，日本生産管理学会論文誌，8巻1号（2001），p.12
3) 幸田盛堂：環境対応型工作機械の最新動向，砥粒加工学会誌，51巻11号（2007），p.635
4) 斎藤義夫：環境対策の工作機械，機械の研究，50巻1号（1998），p.169
5) 植竹伸二：工作機械における省エネルギーへの取り組み，JTEKT ENGINEERING JOURNAL, No.1010（1012），p.9
6) 藤嶋誠，小田陽平ほか：工作機械の省エネルギー，精密工学会誌，78巻9号（2012），p.752
7) 井上英夫：環境調和型生産技術の研究動向，精密工学会誌，64巻4号（1998），p.493
8) 中村昌允，古川勇二：製品設計における安全安心リスク，学術の動向（2009.9），p.49
9) 江場浩二，西條広一：工作機械における機械安全の規格，精密工学会誌，78巻7号（2012），p.567
10) 岡村隆一：リスクベースド・アプローチに基づく機械安全と製造業界ニーズとの整合についての考察，労働安全衛生研究，3巻2号（2010），p.93

◇ 執筆者プロフィール ◇

幸田盛堂：第1～3章, 4.5節, 10, 14章

元 大阪機工（現 OKK）代表取締役常務執行役員
現 公益社団法人大阪府工業協会「工作機械加工技術研究会」コーディネータ
学術博士，日本機械学会・精密工学会フェロー

1971年に大阪大学工学部精密工学科を卒業，同年大阪機工（現OKK）に入社．当初，筆頭株主であった東洋工業（現マツダ）向けトランスファラインの設計に従事，この間に設計思想，設計ノウハウの多くを習得した．その後，工作機械本体と周辺装置の研究開発に従事．1990年学術博士（金沢大学）．第一設計部長，取締役技術本部長を経て，代表取締役常務執行役員管理本部長兼技術担当となり，企業活動全般について多くの知見を得た．リーマンショック後の2010年にOKK役員を退任．

2010年度より公益社団法人大阪府工業協会のもとで，工作機械加工技術研究会を主宰し，工作機械技術のレベルアップと若手技術者の育成に取り組む．「モノづくりは人づくり」といわれるように，結局のところ最後は人である．日本の工作機械技術の伝承と若手の育成こそ，今後の日本の工作機械の国際競争力の源泉となると信じて，継続して教育機会づくりに取組んでいる．

村上大介：第5章

住友電工ハードメタル／
デザイン開発部グループ長，博士（工学）

1993年に岡山大学大学院自然科学研究科機械工学専攻博士課程後期を修了，博士（工学）．同年住友電気工業に入社．それ以来，高速加工の研究，精密加工用工具，防振ボーリングバイト，エンドミルの開発など一貫して切削工具の研究・製品開発に携わり，現在は住友電工ハードメタル／デザイン開発部にて，主にドリルの製品開発を担当している．

学生時代に恩師に教わった生産の3原則，「早く，安く，いいモノをつくる」を，モノづくりの原点に切削工具の新製品開発に取り組んでいる．

森本喜隆：第3章

金沢工業大学教授兼先端材料創製技術研究所長，
博士（工学）

1983年に金沢大学大学院工学研究科機械工学専攻修士課程を修了，石川県工業試験場，富山工業高等専門学校，宇都宮大学を経て2008年金沢工業大学教授，現在にいたる．

工作機械の制御，振動解析を主として研究を行なっている．能登の田舎で育ち，多くの方々から薫陶を受け，地域の発展に貢献すべく金沢工業大学で，学生とともに研究に邁進している．特に，新しい工作機械の構造と制御についてようやく成果がでてきた．今後とも日本のモノづくりのすごさを世界に発信し，機械技術の発展に貢献したい．

廣垣俊樹：第6章

同志社大学理工学部機械システム工学科教授，
博士（工学）

1990年に同志社大学大学院機械工学専攻博士（前期）課程を修了，同年に三菱自動車へ入社．その後は大阪府立産業技術総合研究所，滋賀県立大学を経て2009年に同志社大学理工学部機械システム工学科教授，現在にいたる．

それぞれの勤務先での立場で，モノづくり技術の研究開発に一貫して従事してきた．それらの経験を通じ，「モノづくりはひとづくり」という言葉の重要性や普遍性を実感している．

モノづくり技術の発展のためにも「Learn to live and live to learn.（生きるために学び，そして，学ぶために生きる）」を伝えたい．

岩部洋育：第4.1～4.4節

元新潟大学教授自然科学系，工学博士

1974年に新潟大学大学院工学研究科精密工学専攻を修了，同年より新潟大学助手．1986年に工学博士（北海道大学）．講師，助教授を経て2011年新潟大学教授（自然科学系），2015年に定年退職．この間，主にエンドミルによる加工精度に関する研究に従事し，高速加工機を用いた実用的な高速・高精度加工法を提案した．また，ボールとラジアスエンドミルの切削機構や切削特性の解明に3次元CADを活用する方法を世界に先駆けて提案し，有用性を示した．

中川平三郎：第7章

元 滋賀県立大学工学部教授
現 中川加工技術研究所長，工学博士，
精密工学会フェロー，滋賀県立大学名誉教授

1973年に名古屋工業大学大学院工学研究科生産機械工学専攻を修了後，岡山大学に就職して研削加工の研究に携わり，1982年に京都大学に赴任後，それまでの研究で工学博士を取得した．その後，ファインセラミックスセンター，鳥取大学を経て，1995年に滋賀県立大学工学部教授．2014年に同大学を定年退職後，和歌山市で加工設備を持った研究所を開設し，技術の開発と伝承を進めている．

分野は研削加工に加え，難削材の切削加工，精密微細加工，レーザ熱処理，レーザ加工である．2004年からは経済産業省の各種補助金を継続的に取得して，産官学で開発研究を行なっている．

浦野寛幸：第8章
JTEKT（ジェイテクト）販売技術部総括室室長

友田英幸：第12章
ネオス取締役未来事業探索室長，博士（工学）

　1988年に富山大学大学院工学研究科金属工学専攻を修了後，光洋精工（現在はJTEKT）に入社。以来，工作機械用の高精度軸受の設計・開発を担当してきた。2010年より母校富山大学の非常勤講師として，将来の若手技術者の育成にも力を注いでいる。2015年に，自分の開発した軸受を販売するために販売技術部へ移動。現在も高精度軸受に携わりながら，すべての軸受に接している。

　1984年に愛媛大学大学院理学研究科化学専攻を修了，同年にネオスに入社。工業用化学薬剤（切削油剤，フッ素化合物など）の研究開発に従事し，この間に低分子から高分子までの合成，配合，化合物物性評価，研磨加工など多くの技術を習得した。
　1999年関西大学にてチタン研磨用加工液の開発で博士（工学）取得。その後，中央研究所で化学品技術部長，研究所長を歴任し，2015年からは現在まで培った経験を活かして，新たな分野へチャレンジするために新規事業を探索している。

岸　弘幸：第9章
THK 産業機器統括本部技術本部技術開発統括部
技術開発第一部

則久孝志：第13章
オークマ研究開発部要素開発課長，博士（工学）

　2000年に東京理科大学理工学部機械工学科を卒業，同年THKに入社。
　技術開発第一部にて直線運動案内（リニアガイド）の開発業務に従事。「ボールリテーナ入りLMガイドSPR/SPS型」の開発において，2009年に精密工学会技術賞「超高剛性／低ウェービングガイドに関する技術」を受賞。昨今はローラガイドの開発にも注力しており，日々リニアガイドの研究，開発を行なっている

　1996年に名古屋工業大学大学院工学研究科生産システム工学専攻博士前期課程を修了，同年にオークマに入社。営業技術，試作評価，設計，開発，研究，大学助手（2002～2005年名古屋工業大学オークマ寄附講座）と多彩な立場で工作機械技術に関わり，工作機械の奥深さ，モノづくりの厳しさと楽しさを学んだ。
　主軸ユニットの開発，すべりガイドの研究，加工技術の開発に携わってきたが，工作機械工学とトライボロジーの重要さを痛感し，同時に面白さを感じている。最近は，知能化技術の開発やIVIでの活動などIoT関連の技術開発にも従事

土居正幸：第11章
大昭和精機・技術本部次長

　1998年に近畿大学理工学部機械工学科を卒業，同年に大昭和精機に入社。配属された技術部は，ツーリングや切削工具の設計開発，特殊品設計を担う部署であり，主にツーリングの設計開発に従事。2012年から開発推進第2部を兼務し，2013年より技術本部次長。淡路工場で生産しているツーリング，切削工具の技術・開発部門を担当している。

◆機械加工&切削工具・用語・索引◆

・50音順(あ～ん)

〈あ〉

浅切込み,高送り ……………… 45
アミン・窒素フリー …………… 126
アメリカ方式 …………………… 6
アンギュラ玉軸受 ……………… 81
安全規格 ………………………… 148
安全防護策 ……………………… 149
安定限界 …………………… 36,137
池貝鉄工所(池貝鉄工) ………… 9
位相線図(位相遅れ) …………… 37
位置決め方式 …………………… 18
位置検出センサ(デジタル出力) …104
一次遅れ ………………………… 133
位置偏差 ………………………… 25
移動軸の幾何誤差(案内精度) … 30
インクリメンタル指令 ………… 13
ウィルキンソン ………………… 4
ウェービング …………………… 98
上向き切削(up-milling) ………… 39
エアカーテン(空気の壁) ……… 86
AE(アコースティック・エミッション)波109
HSK シャンク …………………… 114
NC スキップ機能 ……………… 104
NC 旋盤 ………………………… 13
NC 装置 ………………………… 13
NC フライス盤 ………………… 12
NC ユーザマクロ ……………… 104
エマルションタイプ …………… 123
MQL(Minimum Quantity
　　Lubrication) ……………… 145
遠心力 …………………………… 43
円すいころ軸受 ………………… 82
円筒ころ軸受 ……………… 82,88
円筒度 …………………………… 31
エンドミル加工 ………………… 39
オイルエア潤滑 ………………… 86
往復台の案内精度(真直度) …… 31
大隈鉄工所(オークマ) ………… 9
送り運動 ………………………… 18
送り駆動系 ……………………… 25

送り速度変動 …………………… 25

〈か〉

回路基板加工 …………………… 66
カウンタバランス機構(制振機構) … 69
加工誤差 ………………………… 18
加工条件探索 …………………… 136
加工状態監視 …………………… 108
加工変質層 ……………………… 76
カスプハイト …………………… 20
風切音 …………………………… 87
ガソリン機関 …………………… 7
カッタマーク …………………… 22
金型加工 …………………… 18,45
ガラスエポキシ樹脂(ガラス繊維強化複
　合材料) ……………………… 66
唐津鉄工所 ……………………… 9
環境・安全対応 ………………… 141
環境適合設計(DfE) ……… 142,144
環境配慮(グリーン)設計 ……… 142
環境保全型/循環型経済社会 … 141
環境マネジメントシステム ISO14001 141
研磨加工 ………………………… 17
機械衝突防止 …………………… 139
幾何誤差補正 …………………… 134
幾何偏差 ………………………… 19
危険ゼロ ………………………… 147
危険速度 ………………………… 84
軌跡誤差 ………………………… 25
基本動定格荷重 ………………… 96
CAD/CAM ……………………… 47
CAM ……………………………… 46
共振周波数 ……………………… 37
強制切込み方式 ………………… 17
強制びびり ……………………… 139
京都議定書 ……………………… 141
切りくず形状 …………………… 65
切込み運動 ……………………… 18
駆動トルクリップル(コギングトルク) … 25
クラスタ分析 …………………… 63

グリース潤滑 ……………… 86,88
形状創成理論 …………………… 135
削り残し ………………………… 41
結合剤 …………………………… 74
ケミカルタイプ ………………… 123
限界切削幅 ……………………… 37
研削加工 …………………… 17,71
研削背分力 ……………………… 73
高圧クーラント ………………… 45
工具回転振れ …………………… 21
工具傾斜角 ……………………… 22
工具寿命 …………………… 20,115,116
工具寿命監視 …………………… 103
工具損傷 ………………………… 108
工具長測定 ……………………… 105
工具逃げ面 ……………………… 41
工具摩耗・欠損 ………………… 103
工場環境 ………………………… 142
剛性 ……………………………… 116
高速度鋼 ………………………… 8
高速ミーリング ………………… 45
コーテッド超硬工具 …………… 51
互換性の原理 …………………… 5
5軸制御 MC …………………… 134
固定サイクル …………………… 46
固有振動数 ……………………… 38
コレットチャック ……………… 117
ころがり軸受 …………………… 81
コンプライアンス ………… 35,37

〈さ〉

サーボ機構 ……………………… 13
サーメット工具 ………………… 54
災害ゼロ ………………………… 147
再生効果(Regenerative effect) … 35
再生びびり(Regenerative
　Chatter) ………………… 35, 137
圧力切込み方式 ………………… 17
3R(Reuse, Recycle, Reduce) …… 142
産業革命 ………………………… 3

3ステップメソッド……………149	切削条件………………………19	伝達関数………………………36
3相かご型誘導モータ…………8	切削抵抗………………………29	砥石……………………………73
残留応力………………………76	切削油剤…………………123,146	砥石寿命………………………79
CEマーキング………………142	切削油剤管理………………127	等高線加工……………………46
cBN工具………………………54	接触角…………………………84	同時5軸円すい加工………135
CVDコーティング……………52	セミクローズド制御…………13	貪欲アルゴリズム……………68
J.T.パーソンズ(米国)………11	セラミックス………………71,84	特殊加工………………………17
直彫り加工……………………45	セラミックス工具……………54	特性方程式……………………36
下向き切削(down-milling)……39	ゼロ・エミッション………126	ドライ加工…………………145
時定数………………………133	旋削加工………………………29	トリガ信号…………………104
自動計測補正………………103	ソリッドエンドミル…………58	ドリル…………………………59
自動工具交換装置(Automatic Tool Changer)………………12	ソルブルタイプ……………123	ドリル寿命……………………59
自動プログラミング…………46	〈た〉	ドリル折損検出……………109
周期誤差………………………25	太平洋戦争……………………10	トルク波形……………………67
集中度…………………………74	耐摩耗性………………………50	ドレッシング…………………74
周波数応答線図(ゲイン線図)……37	ダイムラー(G.Daimler)………7	トロコイド切削………………46
周辺技術……………………101	ダイヤモンド工具……………56	〈な〉
主軸インタフェース………113	ダイヤモンドコーティング…53	ナイキスト判別法……………36
主軸回転数の低下…………110	大量生産(mass production)方式…5,8	内部給油………………………59
主軸回転精度……………21,30	タッチセンサ………………103	中ぐり加工……………………32
主軸モータ電力……………109	タッパ………………………122	中ぐり棒(ボーリングバー)…32
昇温特性………………………88	タップ寿命…………………122	長さ/直径比(L/D)………38,46,68
蒸気機関…………………………4	タレット旋盤……………………6	7/24テーパ…………………114
小径エンドミル………………62	断続切削………………………39	逃げ面摩耗(フランク摩耗)…50,65
小径工具………………………61	ダンパ…………………………38	2次加工………………………72
小径ドリル……………………66	知能化………………………131	2次元切削…………………18,30
消費エネルギー……………144	超硬合金………………………49	2面拘束シャンク…………114
シリンダ中ぐり盤………………4	朝鮮戦争………………………10	ねじ切り旋盤……………………5
真円度……………………31,34	重複係数(overlap factor)……35	ねじれ刃エンドミル…………40
シンクロタップ(リジッドタップ)……122	直動ころがり案内……………91	熱伝達率……………………134
靱性……………………………50	ツーリング…………………113	熱変位補正…………………132
心出し補正…………………108	突切り加工……………………35	〈は〉
振動振幅………………………38	ツルーイング…………………74	刃先摩耗………………………64
水溶性切削油………………124	定圧予圧……………………82,85	バランスカット……………120
すくい面摩耗(クレータ摩耗)……50	定位置予圧…………………82,85	万能フライス盤…………………7
スクレーパ……………………95	$d_m n$値………………………84	PRTR法……………………126
ステップカット……………120	DCサーボモータ……………13	PVDコーティング……………52
ステップフィード加工………67	適応制御…………………12,103	PL法…………………………142
製造物責任法(PL法)………150	出口欠け………………………80	非塩素化……………………126
切削運動………………………18	電気マイクロメータ………104	微視亀裂………………………77
切削工具………………………49	電気油圧パルスモータ………13	

機械加工&切削工具・用語・索引　155

微小径ドリル	……………	110
比切削抵抗	……………	30
ピックフィード	……………	20
BTシャンク	……………	114
びびり振動	…………	35,38,58,103,136
表面粗さ	……………	32
B-ring 幅	……………	66
ビルトインモータ主軸	……………	82
フォード(H.Ford, 米国)	……………	8
フライス加工	……………	39
フライス盤	……………	6
フラットドリル	……………	59
Prestonの経験則	……………	17
振れ精度	……………	115
振れ回り	……………	43
ブロック線図	……………	36
ベクトル線図	……………	37
ヘリカル加工	……………	46,79
変位センサ	……………	103
変位量検出(アナログ出力)	……………	104
偏心	……………	41
ホイール	……………	73
ホイットニー(E.Whitney, 米国)	……………	6
Point to Point 位置決め方式	…	18,69
防錆性	……………	125
防塵	……………	94
防振エンドミル	……………	58
防腐対策	……………	129
砲身中ぐり盤	……………	4
防振ホルダ	……………	121
放電加工	……………	47
防腐性	……………	125
包絡面	……………	41
ボード線図	……………	37
ボーリング	……………	38,120
ボールエンドミル	……………	20,46
ボールスプライン	……………	91
ボール旋盤	……………	3
ボールねじ	……………	13
保持器	……………	83,88
母性原理(copying principle)	……………	5
本質的安全設計	……………	149

〈ま〉		
マイクロ・ナノテクノロジー	……………	61
マシニングセンタ(machining center, MC)	……………	12
無条件安定限界	……………	37
明治維新	……………	9
モーズレイ(H.Maudsley, 英国)	……………	5
〈や〉		
焼きばめチャック	……………	120
油圧チャック	……………	118
弓旋盤	……………	3
予圧	……………	82,85
ヨハンソン(C.Johansson, スウェーデン)		6
〈ら〉		
ライフサイクルアセスメント	……………	142
リスクアセスメント	……………	146,149
リテーナ(転動体保持器)	……………	93
リニアガイド	……………	91
粒度(メッシュサイズ)	……………	73
リンカーン・フライス盤	……………	6
輪郭切削方式	……………	18
レオナルド・ダ・ビンチ	……………	3
労働安全衛生	……………	146
労働安全衛生法	……………	126
労働安全衛生マネジメントシステム(OHSMS)	……………	147
ローラガイド	……………	94
RoHS指令	……………	126
〈わ〉		
ワイブル分布	……………	76
若山鉄工所(新日本工機)	……………	9
〈英数字〉		
2次加工	……………	72
2次元切削	……………	18,30
2面拘束シャンク	……………	114
3R(Reuse, Recycle, Reduce)	……………	142
5軸制御MC	……………	134
7/24テーパ	……………	114

Acoustic Emission	……………	109
ATC(Automatic Tool Changer)	…	12
B-ring 幅	……………	66
BTシャンク	……………	114
CAD/CAM	……………	47
CAM	……………	46
Carl Edvard Johansson(ヨハンソン, スウェーデン)	……………	6
cBN工具	……………	54
CEマーキング	……………	142
copying principle	……………	5
CVDコーティング	……………	52
DCサーボモータ	……………	13
Down-milling	……………	39
Eli Whitney(イーライ・ホイットニー, 米国)	……………	6
Gottlieb Daimler(ゴットリープ・ダイムラー, ドイツ)	……………	7
Henry Ford (ヘンリー・フォード, 米国)	……………	8
Henry Maudslay (モーズレイ, 英国)	……………	5
HSKシャンク	……………	114
ISO14001 (環境マネジメントシステム)	……………	141
Japan as No.1	……………	10
John T. Parsons	……………	11
Machining Center (MC)	……………	12
Made in Japan	……………	10
MQL(Minimum Quantity Lubrication)	……………	145
OHSMS	……………	147
PL法	……………	142
Point to Point 位置決め方式	…	18,69
Prestonの経験則	……………	17
PRTR法	……………	126
PVDコーティング	……………	52
Up-milling	……………	39

21世紀の工作機械と設計技術
「機械加工＆切削工具」

2018年9月25日　初版第1刷発行

・この本の一部または全部を複写，複製すると，著作権と出版権を侵害する行為となります。
・落丁，乱丁本は営業部に連絡いただければ，交換いたします。

（定価はカバーに表示してあります）

著　者　　工作機械加工技術研究会編（代表：幸田盛堂）

発行者　　金　井　　實

発行所　　株式会社 大 河 出 版

〒101-0046 東京都千代田区神田多町2-9-6田中ビル6階
　　　　TEL 03-3253-6282（営業部）
　　　　　　03-3253-6283（編集部）
　　　　　　03-3253-6687（販売企画部）
　　　FAX 03-3253-6448
　　　Eメール：info@taigashuppan.co.jp
　　　郵便振替　00120-8-155239番

表紙カバー製作　（有）VIZ

印　刷・製　本　三美印刷株式会社

©2018 Printed in Japan　　ISBN=978-4-88661-452-0　C1050

◆技能ブックスは，切削加工の基本:全20冊◆

[20]金属材料のマニュアル
　鉄・鋼にはじまり，軽金属，銅合金，その他の合金材料を解説

[19]作業工具のツカイカタ
　チャック，バイスなどの機械加工に必須の作業工具から，スパナ，ドライバなどを解説．

[18]油圧のカラクリ
　目に見えない油圧機構はわかりにくいが，配管で結ばれる油圧装置とバルブ，部品を説明．

[17]機械要素のハンドブック
　軸，軸受や，ねじとか，歯車，ベルトなど・・どんな働きをするのか．

[16]電気のハヤワカリ
　機械工場に関する電気を，機械や向きの例によってわかりやすく説明．

[15]機構学のアプローチ
　その原理を，ややこしい数式などは使わないで，豊富な写真で基本を紹介

[14]NC加工のトラノマキ
　NCテープの作成法，NC装置，加工図からプログラミング手順を解説．

[13]歯車のハタラキ
　基本，ブランク，歯切り，測定など加工のこと，損傷対策，潤滑まで解説．

[12]機械図面のヨミカタ
　加工者と発注人が顔を合わせなくても用が足りるのが図面：共通のルール．

[11]機械力学のショウタイ
　現場で力を使う作業は毎日の作業，仕事の中にあるから，身近な実例をあげて，図解．

[10]穴あけ中ぐりのポイント
　ボール盤，旋盤，BTA方式やガンドリルによる加工と工具も解説．

[9]超硬工具のカンドコロ
　バイト，フライスカッタ，ドリル，リーマなどを工具ごとに，用途，選びかたを解説．

[8]研削盤のエキスパート
　精度の高い機械からよりよいワークに仕上げるための技能を解説。

[7]手仕上げのベテラン
　ノコの使い方，ケガキの方法，ヤスリ，キサゲ，タガネ，板金，最新の電動工具の使い方

[6]工作機械のメカニズム
　使う立場から，工作機化の各部の内部構造や動作原理を知るテキスト．

[5]ねじ切りのメイジン
　種類と規格，バイトの形状と砥ぎ方，おねじ，めねじ切削のポイントを解説．

[4]フライス盤のダンドリ
　カッタの選定，取付けアタッチメント，加工手順の工夫などを解説．

[3]旋盤のテクニシャン
　構造，円筒削り，端面，突切りなど，ビビリやすいワークの対応や治具，ヤトイを解説．

[2]切削工具のカンドコロ
　バイト，フライス，ドリル，さらにリーマ，タップ，ダイスなどを解説

[1]測定のテクニック
　マイクロメータ，ブロックゲージ，限界ゲージの測定法，簡単な補修法，基本的な使いかた．

☆さらに機械加工を深く知る　テクニカブックス☆
　・旋盤加工マニュアル　・フライス盤加工マニュアル　・ドリル・リーマ加工マニュアル
　　　　　　　　　　　　・形彫り・ワイヤ放電加工マニュアル
　　　　　　　　　　　　・油圧回路の見かた組み方/熱処理108つのポイント
　　　　　　　　　　　　・ターニングセンタのNCプログラミング入門
　　　　☆現場の切削加工・月刊誌「ツールエンジニア」(技能士の友を改題)

◆でか判技能ブックス　B5判150頁　全21冊◆

① **マシニングセンタ活用マニュアル**　MC入門，プログラミング加工例，ツールホルダ，ツーリング，段取りと取付具を解説．

② **エンドミルのすべて**　どんな工具か（種類と用途），なぜ削れるか（切削機構と加工精度など），周辺技術も説明．

③ **測定器の使い方と測定計算**　現場測定の入門書として，測定の基本，精密測定器，測定誤差の原因と測定器の選び方と使い方．

④ **NC旋盤活用マニュアル**　多様なNC旋盤を活用するための入門書で，NC旋盤入門，ツールと段取り，プログラミング，ツーリングテクニックを解説．

⑤ **治具・取付具の作りかた使い方**　旋盤，フライス盤，MC，研削盤用の取付具を集めた．取付具と設計のポイント，効果的な使用法など．

⑥ **機械図面の描きかた読み方**　機械図面をJISに基づき，設計側，加工側，測定側に立って，形状，寸法，精度などを解説．

⑦ **研削盤活用マニュアル**　研削の基本から，砥石とはどんなものか，砥粒の種類，砥石の修正，セラミックスなど難削材の加工，トラブルと解決法を解説．

⑧ **NC工作機械活用マニュアル**　NC加工機を，いかに活用するかを解説．NC工作機械の歴史，構成と機能，プログラミング，自動化システム，ツーリングなど．

⑨ **切削加工のデータブック**　切削データ180例，加工法別のトラブル対策，材料ごとの工具材種による切削条件，切削油剤の使い方，加工事例を集めた加工データバンク．索引付き．

⑩ **穴加工用具のすべて**　ドリルの種類と切削性能，ドリルの選び方使い方，リーマの活用，ボーリング工具を解説．

⑪ **工具材種の選び方使い方**　ハイス（高速度鋼）からダイヤモンド被覆まで，材種の種類と被削材との相性，加工にのポイントなど．

⑫ **旋削工具のすべて**　旋盤で使う工具の種類と工具材料，旋削の基本となる切削機構，工具材料と切削性能，バイト活用などを解説．

⑬ **機械加工のワンポイントレッスン**　切削加工で，疑問が生じたり，予期せぬトラブルに遭遇する．疑問やトラブルの解決，発生を防ぐ．

⑭ **よくわかる材料と熱処理Q&A**　Q&A形式の読切り方式で，材料と熱処理に関する疑問や問題点を説明．

⑮ **マシニングセンタのプログラム入門**　プログラム作成の基本例題を挙げ，ワーク座標系の考え方，工具径補正，工具長補正，穴あけ固定サイクルなどをプログラムを詳細説明．

⑯ **金型製作の基本とノウハウ**　基礎知識を理解し，加工に必要な工作機械とツーリングも紹介し，製作・加工技術のヒント．

⑰ **CAD/CAM/CAE活用ブック**　機械設計のツールであるCAD，切削加工を支援するCAM，適切な加工条件を設定し，またシミュレーションによるCAEで設定を行なうツールの使いかたを解説．

⑱ **難削材&難形状加工のテクニック**　高硬度材，セラミックスなど削りにくい難削材や高度な技術や技能，ノウハウが必要な難形状加工ワークの技術情報を網羅．

⑲ **MCカスタムマクロ入門**　F社製NCシリーズM15を例にして，カスタムマクロ本体の作成法を記述．

⑳ **機械要素部品の機能と使いかた**　複雑なメカニズムが組込みシステムに置き換えられているが，機械的な動作を伴う部分は，動作ユニットとして機械要素が重要である．

21 **MCのマクロプログラム例題集**　F社製NC装置シリーズ15Mを例に，カスタムマクロの例題として20問を選び，網羅した．